Bruno Hake

Ölkrisenprogramm für Hausbesitzer

Bruno Hake

Ölkrisenprogramm für Hausbesitzer

Mit 50 Abbildungen

V

Springer Fachmedien Wiesbaden GmbH

CIP-Kurztitelaufnahme der Deutschen Bibliothek

Hake, Bruno:
Ölkrisenprogramm für Hausbesitzer/Bruno Hake. —
1. Aufl. — Braunschweig, Wiesbaden: Vieweg, 1980.

Ursprünglich erschienen bei Friedr. Vieweg & Sohn Verlagsgesellschaft mbH, Braunschweig 1980

Umschlagentwurf: Peter Neitzke, Köln
Satz: R. E. Schulz, Dreieich

ISBN 978-3-528-08671-8 ISBN 978-3-322-87808-3 (eBook)
DOI 10.1007/978-3-322-87808-3

Inhalt

1 Einführung

Die Heizung Ihres Eigenheimes wird immer teurer. Ein Jahresbedarf von 5 000 l Heizöl kostete vor 10 Jahren noch DM 600,–. In der Heizsaison 1973/74 kletterte der Preis auf DM 1 500,– und stieg 1979/80 auf DM 3 000,–. In ähnlichem Tempo nahmen die Heizkosten von Eigentums- und Mietwohnungen zu. Und nicht nur die Kosten von Heizöl stiegen an: Kohle, Strom und Erdgas folgtem diesem Markt- und Preisführer.
Wie geht es weiter? Wird die Heizung bald so teuer sein, daß viele Eigenheimbesitzer und Mieter sich keine warme Wohnung mehr leisten können? Werden die gestiegenen Energiepreise zum Verzicht auf andere liebgewordene Gewohnheiten, z.B. Urlaub im Ausland oder Autofahren zwingen? Vieles ist ungewiß, etwa ob die OPEC-Staaten weiterhin eine aggressive Preis-Politik durchsetzen, ob Produktion oder Transport des „schwarzen Goldes" durch politische Umstürze behindert werden.
Aber eines scheint gewiß: Für die überschaubare Zukunft ist die Zeit des „billigen Öls" vorbei. Und weil das Öl als größter Energieträger die Rolle des Preisführers spielt, werden alle anderen Energiequellen, wie Gas, Strom oder Kohle, ebenfalls teurer.
Für Sie als Eigenheimbesitzer stellt sich daher die Frage: Wie läßt sich bei der Beheizung Geld sparen? Wie ist es möglich, den Ölverbrauch zu senken – ohne Komforteinbuße, ohne zu frieren? Lohnen sich Ausgaben für das Energiesparen?
Dieses Buch will Ihnen praktische Hinweise geben, wie Sie durch eigene Arbeiten und durch von Handwerkern ausgeführte Modernisierungsmaßnahmen Ihren Energiebedarf für Heizung und Warmwasserbereitung erheblich senken können, und zwar ohne Komforteinbuße und ohne Geld durch unwirtschaftliche Investitionen zu verschwenden.
Aber nicht nur dem Eigenheimbesitzer zeigt dieses Buch den Weg zum Geldsparen: Auch die Bewohner bzw. Besitzer von Eigentums- und Mietwohnungen werden ihm viele praktische Hinweise entnehmen können.

Wie können Sie beim Heizen sparen?

Ob Sie mit Öl, Kohle, Gas, Strom, durch Fernheizung, Solarkollektoren oder Wärmepumpen heizen; sparen läßt sich auf jedem der vier folgenden Wege:

- durch Vermeidung von Energieverlusten: Wärme entweicht durch Wände, Decken und Keller, durch Fenster, Türen und Rollädenkästen. Also: Wärmedämmung verbessern! Das spart am meisten!
- durch Einsatz der Energie zum richtigen Zeitpunkt am richtigen Ort: Wenn das Wohnzimmer nachts auf 22 °C bleibt, obwohl Sie im Schlafzimmer von niedrigen Heizkosten träumen. Wenn das Kinderzimmer warm ist, während die Tochter bei einer Klassenarbeit in der Schule schwitzt. Wenn das warme Wasser mit 70 °C aus dem Hahn kommt, obwohl Sie nur mit 45 °C duschen. Diese Verluste lassen sich

durch bessere Regeltechnik vermeiden, durch Thermostate, Nachtabschaltungen und ähnliche Mittel der modernen Elektronik. Das ist der leichteste Weg zur Heizkostensenkung.
- durch bessere Umwandlung der in Öl, Gas, Strom oder Kohle enthaltenen Energie in das für Heizung oder Dusche benötigte Warmwasser, etwa wenn der Heizkessel für seinen Zweck zu groß ist, der Brenner das Öl nicht richtig zerstäubt und ihr Geld „zum Schornstein hinaus" geblasen wird. Moderne Heizkessel, Brenner und Boiler können diese Verluste reduzieren. Das erfordert Investitionen, aber lohnt sich oft trotzdem.
- durch vernünftige „Bedienung" Ihres Hauses und seiner Heizungsanlagen: Wenn Sie im Winter beim Lüften die Fenster stundenlang geöffnet lassen. Wenn der Kessel nicht regelmäßig gereinigt wird und eine dicke Rußschicht den Wärmeüberhang auf das Kesselwasser verhindert. Also durch richtiges Verhalten. Das erfordert die Überwindung von eingefahrenen Verhaltensweisen, ist aber die billigste Sparmaßnahme.

Wenn alle vier Maßnahmen zusammenwirken, läßt sich der Energieverbrauch beträchtlich senken, in vielen Fällen um 25–35%, und zwar ohne daß Sie auf den gewohnten Komfort, auf den warmen Platz vorm abendlichen Fernseher verzichten müssen oder wirtschaftlich sinnlos Geld für Wärmedämmung ausgeben. Sie müssen also überlegen, welche Verbesserungen in den Bereichen

- **Wärmedämmung (bei Fenstern, Türen, Wänden, Dach, Keller),**
- **Regelungstechnik für Heizung und Wasserbereitung,**
- **Wirkungsgrad von Heizung und Wasserbereitung,**
- **„Gutes Haushalten" mit der teuren Energie**

sinnvoll sind. Auch sollten Sie prüfen, ob Sie durch die Wahl anderer Energiearten, wie z.B. Kohle, Gas oder Strom anstelle von Heizöl, Kosten sparen können.
Auch die Frage: **„Kann ich durch Sonnenenergie Geld sparen?" „Bringt mir die Wärmepumpe Vorteile?"** gehört dazu.

Erst planen – dann handeln

Als Eigenheimbesitzer sollten Sie sich erst einen Überblick über alle diese Fragen verschaffen, bevor Sie handeln, bevor Sie Ihr Geld (in oft recht aufwendige) Energiesparmaßnahmen investieren.
Denn was nützt es Ihnen, wenn die durch ein Energiesparprojekt verursachten jährlichen Kosten den Wert des eingesparten Brennstoffes übertreffen? Es ist z.B. durchaus möglich, den Brennstoffbedarf eines Hauses um mehr als die Hälfte zu senken. Aber in den meisten Fällen wäre das eine zu teure Maßnahme: Die Kosten wären weit höher als der Nutzen. Bei sinnvollen Sparmaßnahmen müssen daher Kosten und Nutzen verglichen werden.

Überlegen Sie also:

- **Was kostet das? (z.B. der Einbau neuer Fenster mit Isolierglas, die Erneuerung eines Zentralheizungskessels, der Einbau einer Wärmepumpe)**
- **Was nützt das? Um wieviel werden meine Heizungskosten voraussichtlich gesenkt?**

Nachdem Sie für jede der vielen zum Energiesparen möglichen Maßnahmen Kosten und Nutzen verglichen haben, können Sie sich für die sinnvollsten, d.h. rentabelsten Maßnahmen entscheiden. Und Sie können überlegen, mit welchen Verbesserungen Sie zuerst beginnen und mit welchen Sie noch warten wollen. Oder warten müssen: denn Heizungsinstallateure, Fensterbauer und Verputzer haben heute Hochkonjunktur, im Ausbaugewerbe ist Handwerkermangel die Regel. Oft vergehen daher mehrere Monate, bis ein Handwerker für größere Modernisierungsarbeiten zur Verfügung steht. Da ist es wichtig, einen „Stufenplan" aufzustellen: zuerst diejenigen Arbeiten, die Sie selber machen können, und mit denen Sie schon im ersten Wintermonat viel sparen, danach die Arbeiten, die für Finanzierung, Planung und Ausführung längere Vorbereitungen erfordern. Oft werden Sie diese Arbeiten im Sommer ausführen lassen, um für den nächsten Winter gerüstet zu sein. Der nächste Winter – und auch die nächste Preiserhöhung für Öl, Gas, Strom und Kohle – kommt bestimmt. Fangen Sie also gleich mit Ihrem Energiesparprogramm an. Die Übersicht auf Seite 12 zeigt, wo Sie sofort beginnen können, was das kostet, wieviel es bringt und ob Sie es selber machen können.

Wo und wie läßt sich Energie sparen?

An welchen Stellen des Hauses und durch welche Maßnahmen können Sie Heizungskosten sparen? Wo geht Wärme unnütz verloren?

Die Abbildungen zeigen: Beim freistehenden Einfamilienhaus gehen 32% durch Umwandlungsverluste, d.h. durch unrationelle Verbrennung des Öls im Heizkessel verloren. Dies ist der „größte Brocken"; wir müssen versuchen, einen möglichst großen Teil dieser Verluste zu verhindern.

Die nächsten Energievergeuder sind die Fenster: 20% der Wärme entweichen durch Glas und Rahmen, 8% durch die Fugen. Durch die Außenwände entschlüpfen 18%, durch das Dach 16% und durch Kellerdecke und Kellerwände 6% des Energieaufwandes.

Bei anderen Hausformen sind die Anteile der einzelnen Verlustquellen ähnlich.

Diese Zahlen beziehen sich auf die überwiegende Mehrzahl aller in der Zeit vor 1975 gebauten Häuser, die nach den alten bautechnischen Richtlinien („Wärmeschutz im Hochbau") geplant wurden: mit einfacher Verglasung und 24 cm beidseitig verputztem Mauerwerk ohne zusätzliche Wärmedämmung. In jener „guten alten Zeit" kostete das Heizöl 12 Pf/l, an Energiemangel dachte niemand. Wie sich jetzt bei viel höheren Brennstoffkosten herausstellt, wurde am falschen Ende gespart, nämlich bei der Wärme-

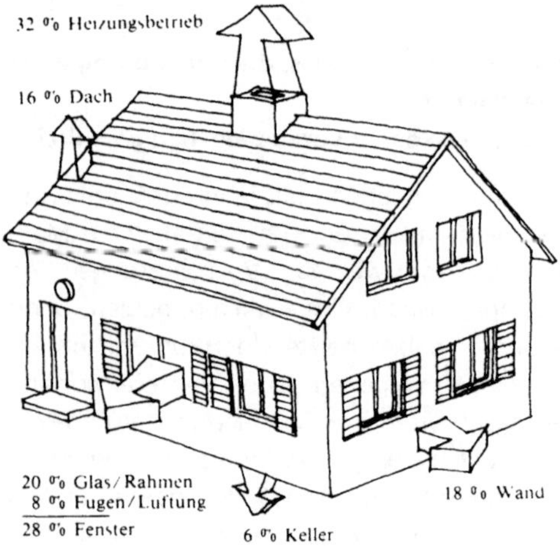

Wärmeverluste verschiedener Hausformen

Wärmeverluste verschiedener Hausformen ohne Energie-Sparmaßnahmen

		Wärmeverluste durch					
					Fenster		Heizungs-
	Wohnfläche	Dach	Wand	Keller	Glas	Fugen	verluste
freistehendes Einfamilienhaus	125 m²	16%	18%	6%	20%	8%	32%
Reihenhaus	100 m²	15%	15%	7%	19%	12%	32%
Doppelhaushälfte	100 m²	11%	24%	6%	18%	9%	32%
Bungalow	125 m²	20%	12%	10%	18%	8%	32%
Wohnung in Mehrfamilienhaus	85 m²	14%	20%	4%	24%	8%	30%

dämmung und meist auch bei der Heizungs- und Regelungstechnik. Sie müssen jetzt überlegen, wo Sie Heizkosten bei Ihrem Haus sparen und an welchem Bauteil und mit welchem Aufwand Sie Ihre Brennstoffkosten wirkungsvoll verringern können.
Wirkungsvoll heißt, Aufwand und Spareffekt in ein sinnvolles Verhältnis zu bringen. Es ist oft günstiger, zunächst mehrere kleine Wärmelöcher mit geringem Aufwand zu stopfen, als eine aufwendige Totalmodernisierung durchzuführen. Sie sollten realistisch bleiben: Es ist praktisch unmöglich, Wärmeverluste völlig zu vermeiden. Denn es ist ein physikalisches Gesetz, daß Energie immer vom warmeren zum kälteren Raum strömt, d.h. von innen nach außen. Und die Physik lehrt uns auch, daß bei der Umwandlung der in Öl, Kohle oder Gas enthaltenen Energie in heißes Wasser und warme Luft immer ein erheblicher Anteil verloren geht.

Aber der Grad der Einsparbarkeit ist bei den einzelnen Maßnahmen unterschiedlich. Er liegt meist zwischen 1/4 und 1/2 des Verlustfaktors. Mit viel Aufwand können Sie diese Verluste noch weiter reduzieren: dreifache Verglasung, Wärmetauscher mit Lüftungsschächten sind Beispiele für solche „Übertechnik". Denn die Kosten für jedes zusätzliche Einsparungsprozent steigen rapide. Meinen Sie: „Früher, zu Omas Zeiten, wurde besser gebaut"? Täuschen Sie sich nicht: Altbauten haben zwar dicke Wände, aber Mauerwerk und Putz lassen die Wärme leicht hindurch. 1 m starke Burgmauern sind ein schlechterer Wärmeschutz als eine 4 cm dicke Hartschaumstoff-Dämmschicht! Auch hohe Räume und einfach verglaste, mit einstufigem Falz versehene Fenster in Altbauten sind typische Wärmeverschwender. Die in den Beispielen gezeigten Verlustquellen sind daher auch für Altbauten repräsentativ.

Aufwand und Nutzen vergleichen!

Die Übersicht auf Seite 12 zeigt: Das meiste Öl und Geld läßt sich sparen durch Verbesserungen an den Außenwänden (Dämmung innen oder außen), durch Einbau moderner Heizungskessel und Regelungen sowie durch Isolierverglasung der Fenster. Diese Verbesserungen sind zwar rentabel, aber doch verhältnismäßig teuer.
Weniger Aufwand und schnelleren Erfolg bringen Verbesserungen beim Sommerbetrieb der Warmwassererzeugung, bei den Heizkörpernischen, durch Anbringen von Thermostatventilen an den Heizkörpern, bei den Fugen und Ritzen in Fenstern und Türen sowie bei der Wärmedämmung von Kellerdecke und Dachboden. Führen Sie daher für diese hochrentablen Verbesserungen ein Sofortprogramm durch. Viele dieser Arbeiten können Sie selber an einem freien Wochenende erledigen. Und planen Sie dann bald die übrigen zwar etwas aufwendigeren, aber doch rentablen größeren Maßnahmen. Dabei können Sie mit einzelnen kleineren Schritten oft zu einem günstigen Ergebnis bei geringem Aufwand kommen: z.B., wenn Sie die nach Norden oder Osten gelegenen Schlaf- und Wohnzimmerwände mit Hartschaum-Verbundplatten von innen dämmen lassen. Wie die Übersicht ferner zeigt, ist beim Einbau von Solarkollektoren und Wärmepumpen das Verhältnis zwischen Aufwand und Nutzen ungünstig. Diese Investitionen sind bei Heizölpreisen von unter DM 1,–/l nicht rentabel.
Die Spalte „Maximale Gesamteinsparung" gibt die in zweigeschossigen, freistehenden Einfamilienhäusern einsparbare Heizölmenge an. In den weiteren Abschnitten dieses Buches wird erläutert, wie groß die Einsparung im Einzelfall jeweils ist. Sie können daher die Einsparungsziele für Ihr eigenes Heim – auch wenn es sich um ein Reihenhaus oder eine Eigentumswohnung handelt – selber ermitteln.
Für Sie kommt es jetzt hauptsächlich darauf an, sich aus der großen Zahl der möglichen Verbesserungen diejenigen herauszusuchen, die für Sie wirtschaftlich sind.

Die Wirtschaftlichkeit von Energiesparmaßnahmen

Wirtschaftlichkeit bedeutet: Die Einsparungen müssen in einem sinnvollen Verhältnis zu den dafür notwendigen Ausgaben stehen. Wenn Sie DM 10 000,– ausgeben und dadurch pro Jahr 500 l Heizöl einsparen – haben Sie dann ein „gutes Geschäft" gemacht? War diese Investition wirtschaftlich? Sie sparen 500 l x 0,60 DM = DM 300,– pro Jahr. Wieviel kostet Sie die Sparmaßnahme jährlich?
Gehen wir von folgender Überlegung aus: Sie nehmen zur Finanzierung ein „Modernisierungsdarlehen" bei Ihrer Sparkasse auf und beanspruchen ferner einen Zuschuß oder steuerliche Vorteile von 25%. Das Darlehen zahlen Sie in 20 Jahren zurück und hoffen, daß Ihre Sparmaßnahme ohne Reparaturen solange durchhält. Dann sieht Ihre Rechnung so aus:

– Investitionskosten	DM 10 000,–
Zuschuß oder steuerliche Vorteile von 25%	DM 2 500,–
	DM 7 500,–
Darlehen: 8,5% Zinsen, 20 Jahre Rückzahlung. Annuität (gleicher Betrag von Zinsen und Tilgung) 10,6%	DM 795,–

Um pro Jahr DM 300,– zu sparen, haben Sie sich mit jährlichen Kapitalkosten von DM 796,– belastet. Kein gutes Geschäft also.
Und wenn die Maßnahme Reparatur- und Wartungskosten verursacht, wie das z.B. bei Wärmepumpen oder Sonnenkollektoren der Fall wäre, werden Ihre jährlichen Belastungen noch höher.

Die Lebensdauer beachten

Wenn die Maßnahme länger als 20 Jahre wirksam ist, entstehen Ihnen nach diesem Zeitraum keine Kapitalkosten mehr. Die Anlage ist „abgeschrieben", es fallen nur Kosten für Reparaturen und Wartung an.
Die Abschreibung Ihrer Investition bzw. die Tilgung des zur Finanzierung benutzten Kapitals müssen Sie berücksichtigen. Sie sollte in Ihren Wirtschaftlichkeitsberechnungen die voraussichtliche Lebensdauer der betreffenden Investition keinesfalls überschreiten. Bei „mechanischen" Einrichtungen, bei denen Verschleiß oder Korrosion wirksam sind, wie bei Heizkesseln und Ölbrennern, sollten Sie eine Lebensdauer und daher eine Kapitaltilgung von 12 Jahren zugrunde legen. Denn wenn die Heizung ausgedient hat, müssen Sie das angelegte Kapital wieder zurückgezahlt haben. Nur so können Sie dann eine neue Anlage finanzieren. Außerdem müssen Sie die Kosten für Wartung und Reparaturen berücksichtigen! Bei einer Wärmedämmung an Dach, Wand und Decken, sowie bei Isolierglasscheiben und neuen Fenstern können Sie von einer

zwanzigjährigen Lebensdauer ausgehen, denn diese Bauteile verschleißen praktisch nicht und werden vermutlich so alt wie Ihr Haus. Sie steigern ferner dessen Wert: Ein Haus mit guter Wärmedämmung läßt sich besser verkaufen.
Es wäre unrealistisch, für Solarkollektoren oder Wärmepumpen eine längere Lebensdauer als 10 Jahre einzusetzen. Denn diese Geräte sind noch nicht lange genug erprobt und ausgereift, um mit genügender Sicherheit eine längere Lebensdauer erwarten zu lassen. Und diese Anlagen sowie die eingebauten Regler, Motoren und Pumpen unterliegen Verschleiß und Korrosion, so daß Sie Ihre Rechnung nich ohne Reparatur- und Wartungskosten machen sollten.
Bei beiden Arten von Anlagen können Sie übrigens nicht auf die herkömmliche Ölheizung verzichten, weil diese den „Spitzenbedarf" übernehmen muß, wenn nicht genügend Sonne da ist oder wenn die Außentermperatur soweit herabsinkt, daß die Wärmepumpe nicht mehr wirtschaftlich arbeitet. Sie sparen also bei Ihrer bisherigen Heizung keine Wartungs- und Reparaturkosten.
Diese Beispiele zeigen:

- „Ruhende" Bauteile, wie Wärmedämmung und Fenster, haben einen Wirtschaftlichkeitsvorsprung, weil sie nicht verschleißen und daher „ewig" nutzbar sind. Daher können die Anschaffungskosten über einen sehr langen Zeitraum verteilt werden.
- Beim Ersatz von älteren Heizungen durch solche mit höherem Wirkungsgrad muß die Lebensdauer dieser Anlagen von etwa 12 Jahren berücksichtigt werden. Dadurch liegen die jährlichen Kosten höher als bei einer gleich teuren Investition in Wärmedämmung.
- Beim Einsatz von Solar-Kollektoren oder Wärmepumpen müssen sowohl deren noch unbekannte, vielleicht geringe Lebensdauer als auch die Kosten für Reparatur und Wartung eingerechnet werden. Daher können diese Modernisierungsmaßnahmen besonders hohe Kosten verursachen.

Sie werden vielleicht denken: „Warum soll ich denn die Kosten eines Bankdarlehens berechnen? Wenn ich die Anschaffung aus eigener Tasche bezahlte, wird es doch billiger!" Gewiß, aber statt in Wärmedämmung oder eine neue Heizung zu investieren, könnten Sie für Ihr Geld z.B. Bundes-Schatzbriefe kaufen, die 7,5% Zinsen bringen. Daher berechnen Kaufleute bei Kostenvergleichen immer „kalkulatorische" Zinsen, auch wenn sie die Anschaffungskosten selber zahlen. Sie sollten das auch tun, sonst ist die Rechnung nicht „ehrlich".
Sie könnten Ihr Bankdarlehen in kürzerer Zeit als die Nutzungsdauer der Energiesparinvestition zurückzahlen. Dann hätten Sie für weniger Jahre höhere Kapitaldienstkosten, sparen aber danach die Zinsen. Auch hier gilt der Einwand, daß Sie ja für das eigene Geld Zinseinnahmen erhalten könnten.
Ob Sie ein Darlehen aufnehmen oder die Anschaffung aus eigener Tasche zahlen, ob Sie das Darlehen über die ganze Nutzungsdauer der Energie-Sparinvestition in Anspruch nehmen oder es früher zurückzahlen, ist also keine Frage der Wirtschaftlichkeitsrechnung, sondern Ihrer Finanzpolitik und Ihrer Einstellung zum Schuldenmachen.

Die Annuität

Rechnen Sie bei den kalkulatorischen Zinsen und Abschreibungen mit der „Annuität". Diese vereinfacht die Berechnung. Die Banken berechnen den Kapitaldienst nach einer Methode, bei der die Summe von Zins und Rückzahlung gleich bleibt: In den ersten Jahren ist die Zinslast hoch und die Rückzahlungsrate gering. Später, wenn ein Teil des Kapitals bereits abgezahlt ist, steigen die Rückzahlungen, während der Anteil der Zinsen an der Annuität sinkt.
Die untenstehende Übersicht zeigt die Höhe der Annuität bei verschiedenen Abschreibungszeiten und Zinsbeträgen.

Übersicht
Ermittlungen der Annuitätsfaktoren für Energiespar-Darlehen

	Jährlicher Zinssatz in Prozenten									
Jahre	51/2%	6%	61/2%	7%	71/2%	8%	81/2%	9%	91/2%	10%
1	1,055	1,06	1,065	1,07	1,075	1,08	1,085	1,09	1,095	1,1
2	0,541.62	0,545.44	0,549.26	0,553.09	0,556.92	0,560.77	0,564.62	0,568.47	0,572.33	0,576.19
3	0,370.65	0,375.11	0,377.57	0,381.05	0,384.53	0,388.03	0,391.54	0,395.05	0,398.58	0,402.11
4	0,285.29	0,288.59	0,291.90	0,295.23	0,298.56	0,301.92	0,305.29	0,308.67	0,312.06	0,315.47
5	0,234.18	0,237.40	0,240.63	0,243.89	0,247.16	0,250.46	0,253.77	0,257.09	0,260.44	0,263.80
6	0,200.18	0,203.36	0,206.57	0,209.80	0,213.04	0,216.32	0,219.61	0,222.92	0,226.25	0,229.61
7	0,175.96	0,179.14	0,182.33	0,185.55	0,188.80	0,192.07	0,195.37	0,198.69	0,202.04	0,205.41
8	0,157.86	0,161.04	0,164.24	0,167.47	0,170.73	0,174.01	0,177.33	0,180.67	0,184.05	0,187.44
9	0,143.84	0,147.02	0,150.24	0,153.49	0,156.77	0,160.08	0,163.42	0,166.80	0,170.20	0,173.64
10	0,132.67	0,135.87	0,139.10	0,142.38	0,145.69	0,149.03	0,152.41	0,155.82	0,159.27	0,162.75
11	0,123.57	0,126.79	0,130.06	0,133.36	0,136.70	0,140.08	0,143.49	0,146.95	0,150.44	0,153.96
12	0,116.03	0,119.28	0,122.57	0,125.90	0,129.28	0,132.70	0,136.15	0,139.65	0,143.19	0,146.76
13	0,109.68	0,112.96	0,116.28	0,119.65	0,123.06	0,126.52	0,130.02	0,133.57	0,137.15	0,140.78
14	0,104.28	0,107.58	0,110.94	0,114.35	0,117.80	0,121.30	0,124.84	0,128.43	0,132.07	0,135.75
15	0,099.63	0,102.96	0,106.35	0,109.80	0,113.29	0,116.83	0,120.42	0,124.06	0,127.74	0,131.47
16	0,095.58	0,098.95	0,102.38	0,105.86	0,109.39	0,112.98	0,116.61	0,120.30	0,124.03	0,127.82
17	0,092.04	0,095.44	0,098.91	0,102.43	0,106.00	0,109.63	0,113.31	0,117.05	0,120.83	0,124.66
18	0,088.92	0,092.36	0,095.85	0,099.41	0,103.03	0,106.70	0,110.43	0,114.21	0,118.05	0,121.93
19	0,086.15	0,089.62	0,093.16	0,096.75	0,100.41	0,104.13	0,107.90	0,111.73	0,115.61	0,119.55
20	0,083.68	0,087.18	0,090.76	0.094.39	0,098.09	0,101.85	0,105.67	0,109.55	0,113.48	0,117.46
21	0,081.46	0,085.00	0,088.61	0,092.29	0,096.03	0,099.83	0,103.70	0,107.62	0,111.59	0,115.62
22	0,079.47	0,083.05	0,086.69	0,090.41	0,094.19	0,098.03	0,101.94	0,105.90	0,109.93	0,114.01
23	0,077.67	0,081.28	0,084.96	0,088.71	0,092.54	0,096.42	0,100.37	0,104.38	0,108.45	0,112.57
24	0,076.04	0,079.68	0,083.40	0,087.19	0,091.05	0,094.98	0,098.97	0.103,02	0,107.13	0,111.30
25	0,074.55	0,078.23	0,081.98	0,085.81	0,089.71	0,093.68	0,097.71	0,101.81	0,105.96	0,110.17
26	0,073.19	0,076.90	0,080.69	0,084.56	0,088.50	0,092.51	0,096.58	0,100.72	0,104.91	0,109.16
27	0,071.95	0,075.70	0,079.52	0,083.43	0,087.40	0,091.45	0,095.56	0,099.73	0,103.97	0,108.26
28	0,070.81	0,074.59	0,078.45	0,082.39	0,086.41	0,090.49	0,094.64	0,098.85	0,103.12	0,107.45
29	0,069.77	0,073.58	0,077.47	0,081.45	0,085.50	0,089.62	0,093.81	0,098.06	0,102.36	0,106.73
30	0,068.81	0,072.65	0,076.58	0,080.59	0,084.67	0,088.83	0,093.05	0,097.34	0,101.68	0,106.08

Beispiel: Bei einem Darlehenskapital von 100 000,– DM, das zu 6 % Zins auf 20 Jahre ausgeliehen wird, beträgt die Jahresleistung 8 718,– DM (100.000 X 0,087.18).

Die Kapital-Rückflußdauer

Eine andere Methode zur Beurteilung der Wirtschaftlichkeit ist die sog. Kapitalrückflußdauer. Der Investor stellt sich die Frage: „Wie lange dauert es, bis ich meine Kosten für die Energiesparmaßnahmen durch Brennstoffeinsparungen wieder zurückhabe?"

Er vergleicht also die Ersparnisse (ohne Abzug von Abschreibung oder Zinsen) mit den Investitionskosten. Im obigen Beispiel hätten Sie DM 7 500,– investiert und DM 300,– jährlich gespart, Ihr Kapitalrückfluß beträgt also 25 Jahre, ein für wirtschaftlich sinnvolle Maßnahmen viel zu langer Zeitraum. Eine Rückflußdauer von 3–5 Jahren ist gut, von 6–8 Jahren noch akzeptabel; eine Rückflußdauer von 9–12 Jahren ist höchstens für Energiesparmaßnahmen mit sehr langer Lebensdauer (z.B. Dämmung von Wänden oder Dächern) noch sinnvoll, nicht aber für Anlagen und Maschinen, die der Abnutzung oder Korrosion unterliegen, wie Wärmepumpen, Solarkollektoren oder Heizungskessel.

Inflation und Wirtschaftlichkeit

Sie fragen: Sollte ich nicht doch auf „Nummer sicher" gehen? Denn bei weiter steigenden Heizölpreisen wird ja auch eine teure Sparmaßnahme schon bald wirtschaftlicher. Das ist eine Frage Ihrer Einstellung zur Zukunft: Welche Prämie wollen Sie für Ihre „Versicherung" gegen einen unerwarteten Preisanstieg ausgeben? Wieviel ist Ihnen diese Sicherheit wert?

Es ist nicht unrealistisch, für Dämmstoffe, Handwerkerarbeiten und Brennstoffe weiterhin steigende Kosten zu erwarten. Daher wird eine heute vorgenommene, aber bei gegenwärtigen Preisen noch nicht rentable Energiesparmaßnahme nach einigen Jahren weiterer Geldentwertung und Ölpreissteigerung doch wirtschaftlich sein.

Die Höhe Ihrer individuellen Investitionsschwelle müssen Sie also selber entscheiden.

Auf jeden Fall aber sollten Sie solche Maßnahmen, bei denen Sie mit geringem Aufwand einen hohen Spareffekt erzielen, bei Ihren Investitionen bevorzugen. Denn diese lohnen sich auf jeden Fall und bringen Ihnen schon bald bares Geld ein.

Stufenplan für das Sparprogramm

Auf längere Sicht wollen Sie sicher viele der in diesem Buch erläuterten Verbesserungen verwirklichen, um Ihren Geldbeutel zu entlasten. Aber das würde vielleicht mehr Zeit und Geld kosten, als Sie im Augenblick übrig haben. Und für viele Verbesserungen benötigen Sie Handwerker, die heute nicht kurzfristig verfügbar sind. Größere Umbauprojekte müssen sorgfältig vorbereitet werden: Planung, Einholen von Angeboten,

Finanzierung und Auftragsvergabe erfordern Zeit. Wenn Sie all dies überstürzen, riskieren Sie unnötig viel für die Arbeit zu bezahlen.
Manche energiesparende Verbesserung läßt sich mit anderen Arbeiten verbinden und wird auf diese Weise sehr viel billiger, so z.B. das Anbringen einer neuen Fassade oder eines neuen Außenputzes, das Erneuern einer undichten Dachdeckung, das Auswechseln alter Fenster usw. Wenn diese Arbeiten ohnehin in absehbarer Zeit auf Sie zukommen, kann es wirtschaftlicher sein, mit einer durchgreifenden Verbesserung der Wärmedämmung zu warten und zunächst einige Teilmaßnahmen durchzuführen. Das gilt auch für die Erneuerung der Heizungsanlage zwecks Verbesserung ihres Wirkungsgrades; denn der Wirkungsgrad der Heizung wird umso höher, je besser die Heizung auf den Wärmebedarf des Hauses abgestimmt ist. Wenn Sie also erst die Wärmedämmung von Wänden, Dach, Fenstern und Keller verbessern, können Sie einen kleineren Öl- oder Gaskessel mit kleinerem Brenner wählen. Das spart zwar bei den Anschaffungskosten der Heizung nur wenig ein, aber der Wirkungsgrad wird wesentlich besser, weil die „Stillstandsverluste" geringer werden.
Die Übersicht auf Seite 12 zeigt, welche Verbesserungsmaßnahmen für Sie besonders wirtschaftlich sind, welche Sie selbst machen können und womit Sie anfangen sollten. Was Sie selbst machen können, kommt zuerst. Handwerkerarbeiten folgen später, weil erst Angebote eingeholt und verglichen werden müssen.
Vergessen Sie aber nicht: Das Energiespargesetz sieht nur für solche Maßnahmen Zuschüsse vor, welche die Kostengrenze von DM 4 000,– überschreiten. Versuchen Sie deshalb, einzelne Teilprojekte so zusammenzufassen, daß diese Untergrenze erreicht wird. Mehr darüber im Abschnitt „Zuschüsse und Steuervorteile".

Kennen Sie Ihren Ölverbrauch?

Natürlich, werden Sie jetzt sagen: Erst neulich habe ich eine Ölrechnung über viele Hundert Mark bezahlt!
Wenn Sie die möglichen Einsparungen an Öl oder Gas schätzen wollen – und wie wollen Sie sonst Aufwand und Nutzen vergleichen? –, brauchen Sie zunächst zuverlässige Antworten auf folgende Fragen:

- Wie hoch ist mein Ölverbrauch während der Heizperiode?
- Wie hoch ist der Ölverbrauch für die Warmwasserbereitung während des Sommers?
- Wie verhält sich mein Haus im Vergleich zu dem in diesem Buch benutzten „Durchschnittshaus" hinsichtlich des Ölverbrauchs und möglicher Einsparungen?

Wenn Sie bisher keine Notizen über den Ölverbrauch gemacht haben, dann sammeln Sie die Ölrechnungen der letzten Jahre, dividieren diese durch die Zahl der Jahre und erhalten einen ersten groben Durchschnittswert für den jährlichen Verbrauch. Vergessen Sie bei diesen Schätzungen nicht, daß Ihr Heizöltank nicht mit dem vollen Volumen ausgenutzt wird. Unten verbleiben meist 10%, weil sonst der Schlamm den Öl-

brenner verstopft. Oben sind die gesetzlich vorgeschriebenen Füllstandsbegrenzer so eingestellt, daß ein Luftpolster von ca. 10% des Volumens verbleibt.
Von einem Heizöltank mit 5 000 l Volumen nutzen Sie also in der Praxis nur etwa 4 000 l zur Öllagerung.
Genauere Verbrauchszahlen erhalten Sie, wenn Sie jeweils bei Beginn und Ende der Heizsaison sowie vor und nach dem Auffüllen des Tanks Datum, Ölstandsanzeige sowie eingefüllte Ölmenge neben dem Öltank aufzeichnen.
Der Ölverbrauch während der Heizperiode und während des Sommers läßt sich einfach berechnen. Lassen Sie wenigstens einmal Ihren Tank ganz auffüllen (bis der eingebaute Füllstandkontakt die Pumpe des Öltankwagens automatisch abschaltet), um Ihren Ölstandanzeiger zu „eichen". Dieser zeigt meist nicht den Ölstand in Litern sondern in Ziffern an. Ist keine Zifferanzeige vorhanden, dann kleben Sie einen Winkelmesser aus Kunststoff – in jedem Schreibwarengeschäft für einige Groschen zu kaufen – auf das Deckglas des Anzeigegeräts.

Beispiel: Ermittlung des Ölverbrauchs

Datum	Ölstandsanzeige	
13.10.78	96	Beginn der Heizperiode
23.02.79	30	Öllieferung von 3 230 l
23.02.79	138	voll gefüllt
24.04.79	58	Ende der Heizperiode
27.10.79	32	Beginn Heizperiode

Die „Eichung" Ihres Ölstandsmessers erfolgt anhand der vor und nach der Öllieferung abgelesenen Zahlen:

138–30 = 108 Punkte = 3 230 l
(1 Punkt entspricht 30 l)

Während der Heizperiode 1978/79 haben Sie verbraucht:
96–30 = 66 Punkte x 30 l = 1980 l
138–58 = 80 Punkte x 30 l = 2400 l
zusammen also = 4380 l

Im Sommer 1979 betrug der für die Warmwasserbereitung benötigte Ölverbrauch: 58–32 = 26 Punkte x 30 l = 780 l.
Wenn Sie einen Monat lang in Urlaub waren, entspricht das 156 l/Monat für die Warmwasserbereitung.

Übersicht
Welche Energiesparmaßnahmen lohnen sich am meisten?

Energiesparmaßnahme	Aufwand um 100 l/Jahr zu sparen	maximale Gesamt-Einsparung	Gesamtkosten	Eignung für Heimwerker	Baugenehmigung
Heizkörpernischen sanieren	DM 50,–	700 l	DM 350,–	B	–
Zeitschalter für Sommerbetrieb der Warmwassererzeugung	DM 50,–	200 l	DM 100,–	D	–
Abdichten von Fugen an Fenstern und Türen	DM 100,–	250 l	DM 250,–	A	–
Thermostatventile für alle Heizkörper	DM 150,–	400 l	DM 600,–	D	–
Wärmedämmung an Kellerdecke anbringen	DM 130,–	250 l	DM 325,–	A	–
Wärmedämmung auf Dachboden anbringen	DM 140,–	500 l	DM 700,–	B	–
Wände von innen dämmen (Heimwerker)	DM 200,–	1.000 l	DM 2.000,–	C	–
Wände von innen dämmen (Handwerker)	DM 500,–	1.000 l	DM 5.000,–	D	–
Modernen Kombikessel mit Brenner und Regelung installieren	DM 400,–	1.400 l	DM 5.600,–	D	b)
Umglasen: Isolierglas statt Einfachglas	DM 750,–	1.000 l	DM 7.500,–	D	–
Wärmedämmung der Wände von außen 1)	DM 700,–	1.000 l	DM 7.000,–	D	a)
Obergeschoßdecke von unten dämmen	DM 600,–	400 l	DM 2.400,–	D	–
Einbau neuer Isolierglasfenster 1)	DM 2.000,–	1.000 l	DM 20.000,–	D	–
Solarkollektoren für Warmwasserbereitung 2)	DM 2.000,–	500 l	DM 10.000,–	D	ja
Wärmepumpe für Heizung 2)	DM 340,–	2.700 l	DM 9.000,–	D	–
Solarkollektoren für Heizung 2)	DM 2.000,–	1.600 l	DM 32.000,–	D	ja

Anmerkungen: Führen Sie zuerst die Maßnahmen durch, bei denen pro 100 l Heizöleinsparung ein geringer Aufwand anfällt. Die Angaben für diese Einsparung sowie für den maximal notwendigen Aufwand gelten für Einfamilienhäuser mit 125 m² Wohnfläche, 50 m² Fensterfläche bei Anrechnung von 25 % Zuschuß bzw. Steuervorteil lt. Energieeinspargesetz. Bei Erdgasheizung läßt sich die Einsparung wie folgt umrechnen: 1 l Heizöl = 9,5 kWh. Bei Nachtspeicherheizung: 1 l Heizöl = 7,5 kWh.

Eignung für Heimwerker: A: sehr leicht, B: mittel, C: schwierig, D: nur für Fachleuchte (Handwerker).

Baugenehmigung: a: nur, wenn äußere Gestalt des Hauses geändert wird
b: Genehmigung des Schornsteinfegers notwendig

1) nur in Zusammenhang mit anderen Maßnahmen evtl. rentabel
2) bei Heizkostenniveau von unter DM 1,–/l Heizol nicht rentabel

Ist Ihr Ölverbrauch angemessen?

Um den Ölverbrauch Ihres Hauses mit den in diesem Buch erwähnten Durchschnittswerten zu vergleichen, müssen Sie umrechnen. Die Angaben in diesem Buch beziehen sich auf ein freistehendes Einfamilienhaus mit 125 m^2 benutzter und beheizter Wohnfläche. Wenn Ihr Haus dagegen 145 m^2 ständig benutzter und beheizter Wohnfläche hat, müssen Sie dem Vergleichswert von 5 000 l/Jahr noch 16% hinzurechnen.
Sie müßten also Ihren Ölverbrauch mit einem Normalverbrauch von 5 800 l/Jahr für ein gleich großes Haus vergleichen.
Weitere Umrechnungen sind nötig.

- Wenn Ihr Haus über eine größere oder kleinere Fensterfläche verfügt als das in der Übersicht benutzte Normalhaus. Bei Einfachglas beträgt die Korrektur 40 l/m^2, bei Isolierglas 20 l/m^2;
- wenn mehr oder weniger als vier Personen in Ihrem Heim wohnen. Im Durchschnitt beträgt der Ölverbrauch für die Warmwasserbereitung 200 l Heizöl pro Person und Jahr.

Der tatsächliche Ölverbrauch im Winter 1978/79 lag als Folge des kalten Winters in Norddeutschland um etwa 8%, in Süddeutschland um etwa 3% über dem langjährigen Durchschnittswert.
Die Übersicht auf S. 14 zeigt ebenfalls den Normalverbrauch bei Gasheizung oder Elektroheizung.
Wenn Sie die entsprechenden Werte aus Ihrer Gas- bzw. Stromrechnung entnehmen, müssen Sie den Bedarf für den Gasherd berücksichtigen. Dieser beträgt bei einem 4-Personen-Haushalt etwa 500 kWh/Jahr. Bei Elektroheizung müssen Sie den Bedarf für Licht, Elektroherd, Geschirrspüler, Waschmaschine und sonstige Elektrogeräte berücksichtigen. Dieser beträgt bei einem 4-Personen-Haushalt mit gehobenem Komfortniveau etwa 4 000 kWh/Jahr.

Das Sparziel

Für Sie ist entscheidend, welchen Heizölverbrauch Sie bei Ihrem Haus realistischerweise einsparen können.
Dieses Sparziel kann zunächst grob geschätzt werden, denn es gehen viele unterschiedliche Faktoren in die Berechnung eines angemessenen Heizölverbrauchs ein: bautechnische Faktoren, wie Dicke und Baustoffart von Wänden und Decken, die Qualität von Fenstern, die Effizienz der Heizungsanlage; persönliche Faktoren, wie die Schlafgewohnheiten der Bewohner (früh ins Bett? Schlafen in kalten Zimmern?); klimatechnische Faktoren, wie z.B. örtliche Lage, Schatten und Windbelastung; und der Warmwasserverbrauch.

Übersicht

Vergleich des jährlichen Ölverbrauchs ohne Energiespar-Maßnahmen

	freistehendes, eineinhalb bzw. zweigeschossiges Einfamilienhaus	Reihenhaus	Doppelhaus-Hälfte	Bungalow (eingeschossig)	Wohnung in Mehrfamilienhaus
ständig beheizte Wohnfläche in m^2	125	100	100	125	85
Fensterfläche in m^2	50	20	30	50	17
Bei einfachverglasten Fenstern:					
Ölverbrauch für Heizung	5 000 l	2 700 l	3 500 l	6 000 l	1 700 l
Gasverbrauch für Heizung in 1000 kWh	47	25	33	57	16
Stromverbrauch für Heizung in 1000 kWh	37	20	26	45	13
Bei Isolierglasfenstern:					
Ölverbrauch für Heizung	4 200 l	2 300 l	3 000 l	5 000 l	1 400 l
Gasverbrauch für Heizung in 1000 kWh	40	22	28	47	13
Stromverbrauch für Heizung in 1000 kWh	31	17	22	37	10
Dazu: Warmwasserverbrauch:					
für 4-Personen-Haushalt:					
Öl	800 l	800 l	800 l	800 l	800 l
Gasboiler in 1000 kWh	5	5	5	5	5
Elektroboiler in 1000 kWh	4	4	4	4	4

Anmerkungen: Es wurden Gebäude der üblichen Bauart zugrunde gelegt, die in den Jahren 1955 bis 1974 auf der Grundlage der alten Norm „Wärmeschutz im Hochbau" (DIN 4108) errichtet wurden. Hierfür waren 24 cm starke Außenwände aus Ziegelstein, Lochziegeln, Kalksand-Lochstein oder Bims-Hohlblock mit je 2 cm Putz innen und außen üblich, ohne zusätzliche Energiesparmaßnahmen für Wärmedämmung oder Heizungsanlage.
Die obigen Verbrauchswerte lassen sich durch wirtschaftlich sinnvolle Maßnahmen bei einfachverglasten Fenstern um etwa 30–35 % senken, bei bereits vorhandenen Isolierglasfenstern um 20–25 %.

Vergleichen Sie diese Durchschnittswerte mit Ihrem Verbrauch und ermitteln Sie Ihr eigenes Energie-Sparziel!

Aber bevor Sie umfangreiche Investitionen beginnen, sollten Sie eine Vorstellung davon haben, ob Sie mit Ihrem derzeitigen Ölverbrauch richtig liegen bzw. um wieviel dieser sich senken läßt.
Die links stehende Übersicht erleichtert Ihnen diese Schätzung.

Und wenn Sie nicht mit Öl heizen?

Treffen die in den folgenden Kapiteln erläuterten Maßnahmen zum Energiesparen auch für solche Hausbesitzer zu, die ihre Zentralheizung nicht mit Öl, sondern mit Gas, Fernheizung, Kohle oder in Form einer Elektro-Nachtspeicherheizung betreiben? Ja, soweit sie das Thema ,,Vermeidung von Energieverlusten durch bessere Wärmedämmung'' betreffen. Diese Abschnitte sind sogar von besonderer Bedeutung für Eigenheimbesitzer, die von Ölheizung auf Gas oder Strom umsteigen wollen.
Warum? Sie müssen langfristig davon ausgehen, daß die ,,Edelenergien'' Gas und Strom – bezogen auf den Heizwert – teurer sind als Heizöl. Das bedeutet nicht, daß die Benutzung von Gas oder Nachtspeicherstrom für Eigenheime unwirtschaftlich ist. Das kommt sehr auf den einzelnen Fall und die Tarifgestaltung Ihrer örtlichen Energieversorgung an; denn Gas und Strom benötigen meist nicht so aufwendige Heizungsanlagen, Verschleiß und Wartungskosten sind niedriger als bei der Ölheizung.
Die ,,variablen'' oder Brennstoffkosten sind zwar langfristig höher. Aber die geringeren Kosten für Kapitaldienst und Wartung von Gas- oder Elektroheizung können diesen Nachteil durchaus aufwiegen.
Gerade weil die Brennstoffkosten pro Wärmeeinheit höher sind, ist eine gute Wärmedämmung des Hauses wichtig. Der ,,Umsteiger'' handelt deshalb klug, wenn er vor dem Übergang auf Gas oder Strom alle Möglichkeiten ausschöpft, durch bessere Wärmedämmung den Energiebedarf so weit wie möglich zu senken. Andernfalls wird das Umsteigen recht teuer.
Wie lassen sich die Einsparungsziele des vorangegangenen Abschnitts auf gas- oder strombeheizte Häuser übertragen? Die Umrechnung erfolgt nach dem Energiegehalt von Gas oder Strom. Dabei ist bei Elektroheizung zu berücksichtigen, daß die Stromrechnung auch den Verbrauch für Licht, Kochen, Wasch- und Geschirrspülmaschine, für sonstige Haushaltsgeräte sowie für die Warmwasserbereitung enthält.
In der Gasrechnung sind die Kosten für Kochen und Warmwasserbereitung ebenfalls enthalten. Diese müssen also bei Vergleichen zusätzlich berücksichtigt werden.
Ferner muß bei der Umrechnung von Öl auf Gas oder Strom der Wirkungsgrad der entsprechenden Heizungsanlage berücksichtigt werden.
Unterschiede im Wirkungsgrad sind technisch bedingt. Bei modernen Gasheizungen wird der Brennstoff besser ausgenutzt und sind die Stillstandsverluste des Kessels geringer. Bei Gasheizungen ist der Wirkungsgrad um etwa 3%, bei der Warmwasserzbereitung im Sommer um etwa 30% besser als bei Ölheizungen. Bei Strom ist der Wirkungsgrad der Heizung um etwa 20% höher als bei der Ölheizung, weil eine fast verlustfreie Umwandlung in Wärme am Ort des Bedarfs erfolgt. Diese Werte sind in den Übersichten berücksichtigt.

2 Die Schwachstellen Ihres Hauses beseitigen

Die Außenhaut Ihres Hauses hat viele wärmetechnische Schwachstellen; Ein dankbares Betätigungsfeld für den Energiesparer. Womit anfangen?

Heizkörpernischen sind Energiesünden

Ihr Architekt dachte sich nichts Böses: Der Heizkörper sollte möglichst der Sicht entrückt werden. Daher reduzierte er die Dicke des Mauerwerks unterhalb des Fensters auf 12,5 cm. Wenn überhaupt, plante er nur wenig Wärmedämmung ein: Vielleicht eine Heraklithplatte als Putzträger. So ließ sich der Heizkörper unter dem Fensterbrett verstecken. Ausgerechnet an der Stelle, wo der Heizkörper die Innenseite der Wand aufheizt und sich ein Wärmestau bildet, ist die Wärmedämmung schlechter als bei dem übrigen Teil der Wand. Schimpfen Sie aber nicht auf Ihren Architekten – das nützt nichts mehr, er wußte es vielleicht nicht besser –, sondern machen Sie sich an die Sanierung dieses Planungsfehlers: Entweder als „Sofortprogramm" oder als Teil einer größeren Aktion; es lohnt sich. Denn eine gründliche Sanierung mit 4 cm dicken Hartschaumplatten erhöht den Wärmeschutz und hat einen Spareffekt von jährlich etwa 30 l/m², d.h. etwa 60 l = DM 36,–/Nische. Wenn die Nische gut zugänglich ist, können Sie diese Arbeit selber machen. Materialkosten: DM 15,–/m²: Ihr Geld haben Sie in einem halben Jahr wieder zurück. Wo sonst können Sie so günstig investieren?
Aber leider ist es oft nicht möglich, Hartschaumplatten an der Wand zu befestigen, weil der Zwischenraum zwischen Heizkörper und Wand zu gering ist (oft nur 2–4 cm).

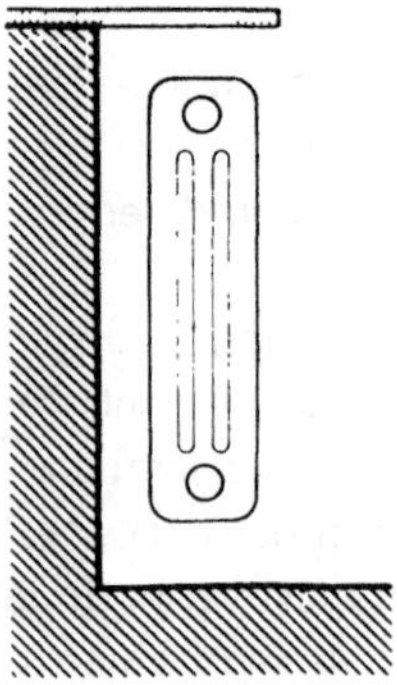

Die Heizkörpernische ist eine Schwachstelle.

Außerdem stören die Konsolen, auf denen der Heizkörper ruht. Um Dämmplatten anzubringen, muß der Heizkörper also abgenommen und neu montiert werden, nachdem Verlängerungsstücke in die Zu- und Ablaufleitungen und längere Wandkonsolen angebracht wurden. Zuvor muß das Wasser aus der Heizungsanlage entfernt und später neu eingelassen werden. Dazu brauchen Sie einen Handwerker, der dafür etwa DM 150,– pro Heizkörper berechnet. Ihr Kapitalrückfluß beträgt also 5–6 Jahre. Diese verhältnismäßig hohen Kosten können Sie aber reduzieren, wenn Sie diese Arbeit zusammen mit dem Einbau von Thermostatventilen oder eines neuen Heizungskessels durchführen lassen. Dann arbeitet der Installateur ohnehin an den Heizkörpern bzw. an der Heizungsanlage, und Sie sparen einen Teil der hohen Lohnkosten.
Für die Dämmung der Heizkörpernische eignen sich am besten Gipskarton-Hartschaumverbundplatten mit mindestens 4 cm (6 cm ist günstiger) Hartschaum. Die Platte wird mit einem Styroporkleber mit der Hartschaumseite an die Wand geklebt. Dann wird die Gipskartonplatte gestrichen. Neue, längere Konsolen sowie Verlängerungen der Anschlußleitungen sind nötig, bevor der Heizkörper montiert wird. Beachten Sie, daß der Heizkörper 5 cm von der Gipsplatte absteht, damit genügend Luft zirkulieren kann. Viele Heizkörper sind zu eng an der Wand montiert, verursachen einen Wärmestau und heizen daher nicht rationell. Nach vollendeter Nische-Dämmung rückt der Heizkörper als etwa 5–10 cm weiter in den Raum hinein.

Eine Thermosflasche für den Heizkörper?

Oft ist zwischen Heizkörper und Wand nicht genügend Zwischenraum, um 4–6 cm Hartschaumdämmung unterzubringen. Das Ab- und Anmontieren der Heizkörper sowie die Verlängerung der Haltekonsolen und der Vor- und Rücklaufleitungen sind jedoch schwierig und teuer. Was tun?
Nutzen Sie den Thermosflascheneffekt: die Thermosflasche hat eine spiegelnde Reflektionsschicht auf der Außenseite des Glasbehälters, welche die vom heißen Kaffe ausgehende Wärmestrahlung reflektiert und deshalb den Wärmedurchgang der dünnen Glaswandung erheblich verbessert: ihr Kaffee bleibt stundenlang heiß. Ähnlich wirkt eine gute Heizkörperfolie: der Heizkörper strahlt von seiner Oberfläche etwa 50 % seiner Energie als Wärmestrahlung (= elektromagnetische Wellen) ab und gibt 50 % als Konvektionswärme an die Luft ab. Die Strahlungsreflektion durch die Folie mindert den Wärmedurchgang der dünnen Wand an der Nische so gut wie 4 cm Hartschaumstoff. Sie sparen pro m^2 etwa 30 l Öl/Jahr. Die Kosten der Folie betragen etwa DM 10,–/m^2. Sie können ohne Schwierigkeit – nur mit etwas Geduld – die Heizkörperfolie selber anbringen. Beachten Sie aber: der Thermosflascheneffekt wirkt nur in unmittelbarer Nähe der Heizkörperoberfläche (bis 5–10 cm) und nur bei einer speziell beschichteten Reflektionsfolie. Aluminiumkaschierte Schaumstoffplatten sehen zwar ähnlich aus, wirken aber weniger.

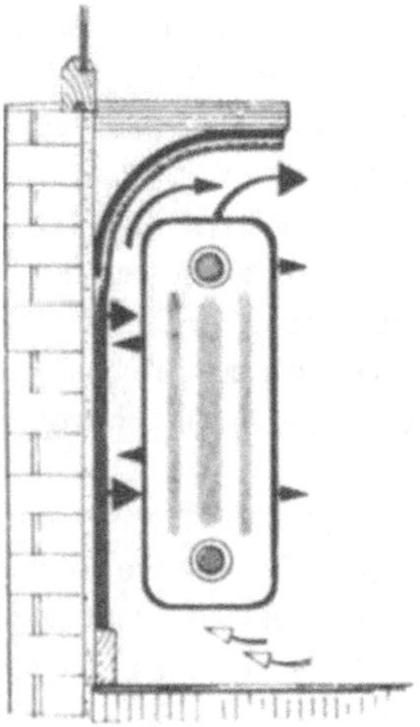

Heizkörperfolie reflektiert die Strahlung des Radiators und verhindert Erwärmung der dünnen Wand hinter der Nische.

Raumhohe Fenster

Es gibt eine noch größere Sünde als schlecht gedämmte Heizkörpernischen: Wenn der Heizkörper direkt vor der bis auf den Fußboden reichenden Verglasung steht, strahlt er einen Teil der Energie (je nach Temperatur 30–50%) direkt nach außen, denn Glas – auch Isolierglas – läßt die Wärmestrahlung ungehindert hindurch. (Sonst könnte die Sonne ihr Zimmer ja auch nicht so schön wärmen.) Bei Wohnzimmern, deren Fenster bis auf den Boden reichen, um einen „optischen Übergang" vom Raum zum Garten zu geben, sind diese „Wärmesünden" häufig anzutreffen. Was tun? Ein Vorhang aus dikkem Stoff schafft Abhilfe, stört aber auch den Blick auf den Garten. Eine niedrige Holzblende zwischen Fenster und Heizkörper fängt die Strahlung auf, verwandelt sie in Konvektionswärme, läßt tagsüber auch die Sonnenstrahlen ungehindert in den Raum hinein und stört den Ausblick nicht. Eine an der Raumseite der Holzblende angebrachte Reflektorfolie wirft die Strahlung in den Raum zurück und erhöht daher – wie bei der Heizkörperfolie – den Wirkungsgrad. Wenn die Blende mit Edelholzfurnier beschichtet und geschickt angebracht wird, wirkt sie nicht einmal störend. Im Sommer kann sie entfernt werden, im Winter wird sie wieder an ihren Platz gestellt und erfüllt, am Fußboden angeschraubt, ihren geldbeutelschonenden Zweck. Eine Herausforderung an den Bastler: mit einigen DM Material etwa 100 l Öl jährlich einsparen, die sonst den Weltraum aufheizen.

Der Rolladenkasten frißt Energie

Bausünde Nr. 2 an vielen Häusern. der Rolladenkasten. Hier müssen sich die Architekten und die Hersteller von Fertigbauteilen die Schuld teilen. Durch die zum Auf- und Ablassen der Rolladen notwendige Schlitze dringt die kalte Außenluft in den Innenraum des Kastens ein. Das läßt sich nicht vermeiden. Der Rolladendeckel, meist eine dünne Platte aus Eternit, Sperrholz oder Holzspan, läßt die Wärme fast ungehindert hindurch. Schrauben Sie den Deckel ab. Wenn der Rolladenballen bei hochgezogenen Rolladen nicht zu dick ist, läßt sich von innen im Kasten eine 2–3 cm dicke Platte aus Styropor mit Spezialkleber anbringen. Das ist die einfachste Problemlösung. Mehr als 0,5 cm Luft ist zwischen dem Rolladenkasten und dem vollen Rolladenballen nicht nötig. Aber wenn der Rolladenballen den Kasten ganz ausfüllt und für die Dämmplatte kein Platz mehr bleibt? Dann wird es schwierig. Es bleibt nur die Lösung, den Rolladendeckel auf der Zimmerseite mit einer Styroporplatte zu bekleben und diese nachträglich zu tapezieren; keine sehr elegante Lösung, zumal sich Styropor nur sehr widerwillig mit Tapete bekleben läßt. Wenn der Rolladengurt reißt und erneuert werden muß, können Sie den Deckel nur öffnen, wenn Sie die Styroporplatte vorher entfernen. Daher sollten Sie vor dem Anbringen der Platte dafür sorgen, daß die Rolladengurte möglichst lange halten. Verbrauchte Gurte sollten Sie lieber vorher auswechseln. Dann halten die Gurte 10 Jahre lang, und es lohnt sich die Mühe und Arbeit der raumseitigen Dämmung. Achten Sie auch darauf, daß im Rolladenkasten alles in Ordnung ist: Ölen Sie die Lager der Rolladenachse, ziehen Sie die Einstellschraube am Lager an. Die Lamellen des Rolladens müssen gut schließen, es darf kein Licht durch die geschlossenen Lamellen dringen. Dann geben sie in der Winternacht guten Wärmeschutz. Kalte Luft dringt oft durch

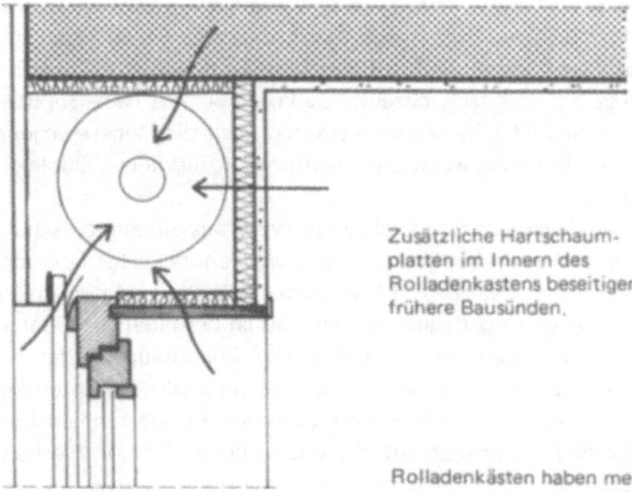

Zusätzliche Hartschaumplatten im Innern des Rolladenkastens beseitigen frühere Bausünden.

Rolladenkästen haben meist eine zu geringe Dämmung.

Fugen am Kastendeckel. Diese können Sie beseitigen, indem Sie alle undichten Stellen mit einem Klebeband abdichten oder am Rand zwischen Kasten und Deckel Dichtungsband anbringen.
An einem kalten Tag können Sie mit dem Handrücken an verdächtigen Stellen prüfen, ob und wo Zugluft eindringt. Diese Stellen markieren Sie und überkleben sie mit Klebeband. Bei starkem Wind können Sie mit einem feuchten Finger auch versteckte Luftritzen orten. (Nehmen Sie bei der Arbeit an den Rolladen keinen Stuhl, sondern eine stabile Leiter, sonst reihen Sie sich unter die 100 000 Unfallopfer ein, die jährlich im Haushalt zu beklagen sind!)

Fensterfugen

Einfach verglaste Fenster mit Holzrahmen verursachen 60% des durch die gesamte Außenwand abfließenden Wärmeverlustes. Das heißt: Sie können das Mauerwerk noch so gut gegen Wärmeverlust schützen, das „Wärmeloch" Fenster frißt Ihr Heizungsgeld trotzdem. Von der durch das Fenster entweichenden Energie gehen etwa zwei Drittel durch das Fensterglas hindurch, ein Drittel entweicht durch die Fugen und Ritzen zwischen Fensterrahmen und Flügel, oft auch durch Ritzen zwischen Rahmen und Mauerwerk. Diese unfreiwillige Lüftung bringt viel mehr frische Luft, als Sie zum Atmen brauchen.
An einem freien Wochenende können Sie mit DM 100,– an Dichtungsmaterial Ihren Heizölverbrauch um 250 l senken! Dichtungsbänder aus Moosgummi oder mit Profilen mit selbstklebender Rückseite lassen sich auch von Heimwerker-Laien auf den vorher gereinigten Falz des Fensterrahmens anbringen.
Bei Fenstern mit Doppelfalz gehört die Dichtung in den inneren Falz des Rahmens. Viele ältere Holzfenster haben nur einen Falz. Auch hier bringen Sie die Dichtung am inneren Falz des Fensterflügels an. Moosgummiprofile halten nur einige Jahre, aber innerhalb dieser Zeit machen sie sich vielfach bezahlt. Balkontüren mit Hebe-Kippbeschlägen eignen sich allerdings nicht für Moosgummistreifen, weil die Hebebewegung das Profil schnell zerstört. Hier sind dauerelastische Dichtungsprofile oder „Duplex"-Dichtungsband aus PVC besser.
Eine längere Lebensdauer bieten dauerelastische Dichtungsmassen aus Siliconkautschuk. Diese sind teurer als Moosgummi-Klebeband, und die Verarbeitung erfordert vom Heimwerker Geduld und Geschick. Sie werden in Kartuschen geliefert und können als „Raupe" in der notwendigen Stärke aufgetragen werden. Das ist besonders bei älteren Fensterrahmen mit unregelmäßigen Spaltbreiten wichtig. Die Siliconraupe haftet auf dem Untergrund, wenn Sie spröde Farbschichten vorher abschmirgeln. Beachten Sie die Gebrauchsanleitung des Herstellers! Auch Ritzen zwischen Fensterrahmen und Mauerwerk lassen sich mit dieser Siliconmasse gut abdichten. Prüfen Sie, ob die Fensterscheibe gut im Rahmen sitzt und kein Fensterkitt fehlt, denn sonst entweicht zwi-

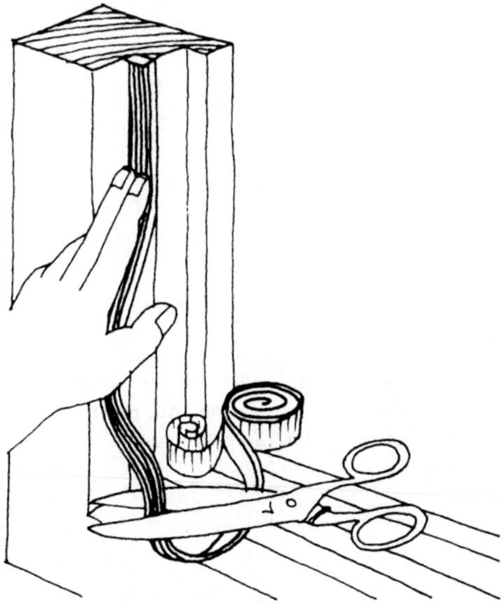

Das Dichtungsband mit selbstklebender Rückseite ist ein einfaches, aber wirksames Mittel, um Lüftungsverluste durch Fensterfugen zu vermeiden.

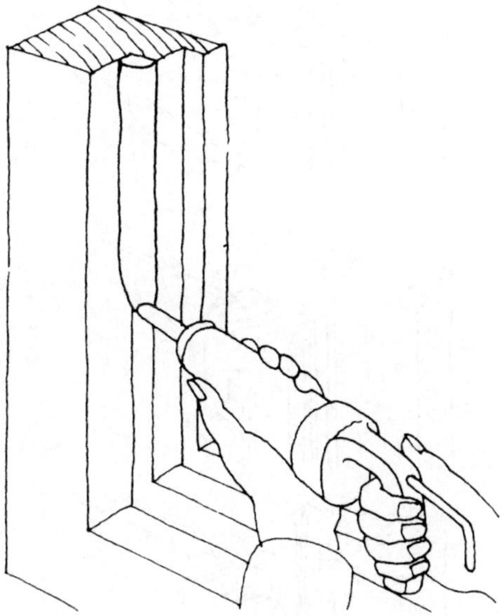

Silikonkautschuk-Dichtmassen eignen sich bei unregelmäßiger Spaltbreite des Falzes.

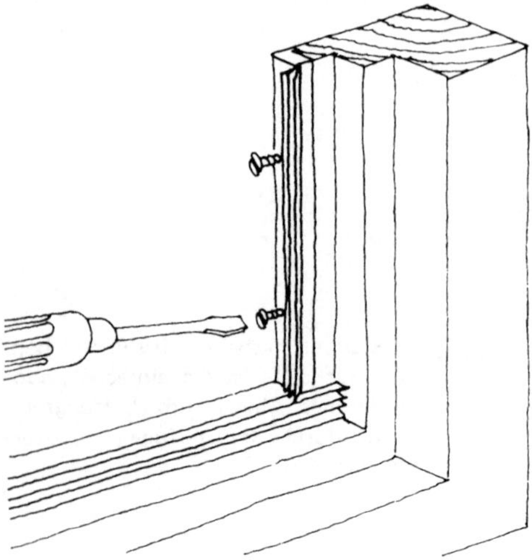

Schlecht schließende Fensterflügel können auch von außen mit Kunststoff-Dichtleisten saniert werden.

Wohin gehört die Dichtung?

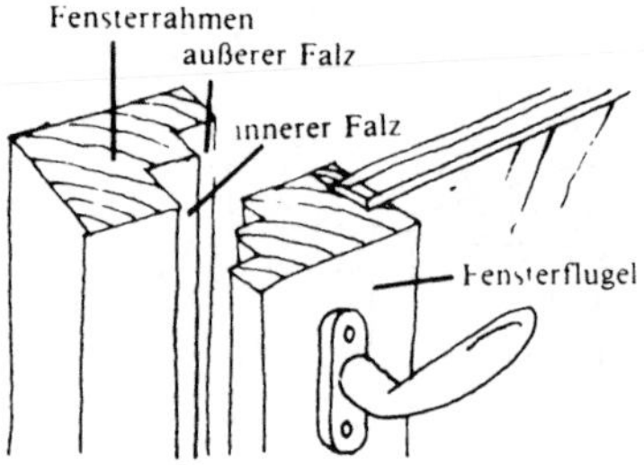

Die Dichtung gehört in den **inneren** Falz des Fensterrahmens.

Ist im Fensterrahmen nur **ein** Falz vorhanden, wird die Dichtung am Fensterflügel angebracht.

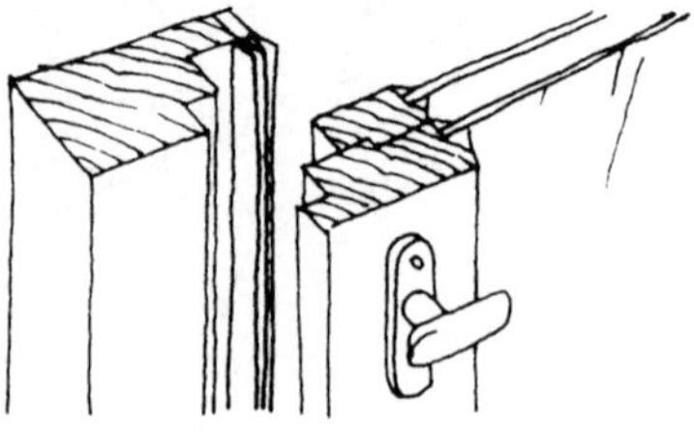

Außen sollte man Dichtungen nur dort anbringen, wo Fenster oder Tür vor Schlagregen geschützt sind.

schen Glasscheibe und Rahmen warme Luft. Mit Fensterkitt und einem Spachtel lassen sich diese Fugen problemlos und einfach schließen.
Bei Kastenfenstern und Verbundfenstern sollten Sie sowohl die äußeren als auch die inneren Fensterflügel gegen den Rahmen abdichten. Moderne Türen und Fenster sind mit Gummi-Falzdichtungen versehen. Prüfen Sie, ob diese noch elastisch sind. Oft kann man sie selber erneuern und die benötigten Ersatzdichtungen beim Eisenwarenhandel kaufen.
Überprüfen Sie, ob die Beschläge der Fenster locker geworden sind. Lockere Beschläge ziehen Sie mit einem Schraubenzieher an. Ist das Schraubengewinde im Holz „ausgeleiert", dann Schraube entfernen, Dichtungsmasse (z.B. „Moltofil") in das Loch füllen und nach dem Trocknen die Schrauben wieder eindrehen. Wenn notwendig (und möglich!), Beschläge wieder nachstellen. Nehmen Sie diese Korrektur an den Beschlägen vor, bevor Sie die Fugendichtung anbringen!
In vielen Häusern dringt durch Fugen zwischen Mauerwerk und Fensterrahmen kalte Luft ein! Die Fugen sind hinter einer „Blendleiste", welche die Nahtstelle zwischen Rahmen und Mauerwerk verdeckt, dem Blick entzogen. Entfernen Sie die Blendleiste vorsichtig und stellen Sie fest, ob „Pfusch am Bau" Ihr gutes Geld kostet! Kratzen Sie die Fugen aus. Bei kleinen Fugen Siliconkautschuk anbringen, bei größeren Moltofill (weil billiger!); große Ritzen und Löcher mit Schaumstoffstreifen oder Mineralwolle gut und fest ausstopfen. Deckleiste wieder anbringen. Jetzt bleibt die Wärme im Haus!

Die Wärme entweicht unter der Tür

Wenn Sie die Fensterfugen abgedichtet haben, kommen die Türen dran, denn die meisten Türen schließen nicht dicht genug: Zugluft entsteht, Wärme entweicht nach außen, in das Treppenhaus oder in Räume, die nicht geheizt werden sollen. Behalten Sie die Wärme dort, wo Sie sie haben wollen! Besonders wichtig ist die Außentür. Hier ist eine „Kaltluftschleuse" in Gestalt eines Windfangs zweckmäßig. Wenn der Platz zum nachträglichen Einbau nicht ausreicht, tut ein dicker Vorhang an der Haustür gute Dienste, aber nur, wenn er geschlossen bleibt. Die undichten Fugen an der Haustür lassen sich mit Silicondichtmasse, mit Moosgummi- oder Profil-Streifen oder mit Dichtleisten verschließen. Besondere Sorgfalt verdient die Türschwelle, denn am Boden ist die Luft am kältesten. Dichten Sie deshalb die Außentür sowie Türen zu dauernd beheizten Räumen (Wohnzimmer, Eßzimmer oder Küche) mit einem Weichgummistreifen, einer Dichtungsbürste oder einer flachen Schwellendichtung zwischen Unterkante Tür und Fußboden ab. Bei Teppichkanten ist eine Leiste mit Klappmechanismus notwendig.
Hebetüren können nur mit rutschfestem Material gedichtet werden, weil der elastische Kitt oder die Moosgummistreifen beim Heben und Senken beschädigt würden. Hierzu gibt es elastische Dichtungsleisten. Zur Abdichtung der unteren Türfuge kleben Sie ein Dichtungsband unter die Tür.

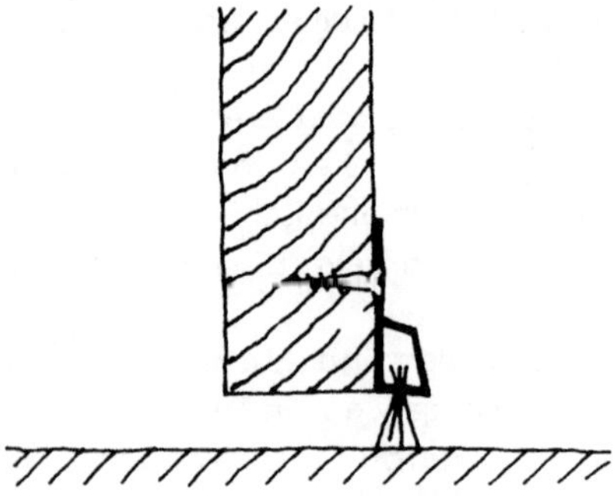

Abdichtung der unteren Türfuge mit einer Dichtungsbürste.

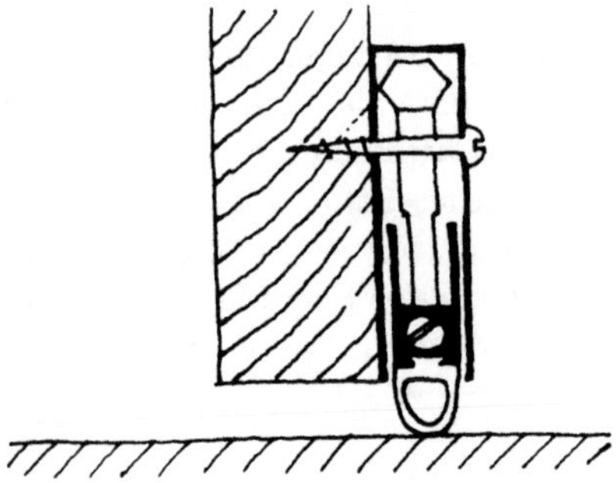

Abdichtung der Tür von unten mit einer klappbaren Schiene. Die Schiene hebt sich beim Öffnen der Tür. Teppiche stören daher nicht.

Wenn Sie das Zimmer mit einem Ofen oder einem Kamin heizen, sollten Sie die nach innen (zum Flur, Nebenraum) führenden Türen aber nicht abdichten, damit genügend Verbrennungsluft in den Raum strömen kann.
Bei zentralgeheizten Räumen sollten Sie bei den nach innen führenden Türen nur größere Fugen (solche, durch die Licht hindurchscheint) sowie die Türschwelle abdichten. Auf diese Weise gehen Sie sicher, daß genug Luftzirkulation erhalten bleibt, ohne das kalte Außenluft nachströmt.

Doppelverglasung

Bei Einfachverglasung entweicht pro Quadratmeter Fensterfläche jährlich die Wärme von 40 l Heizöl, bei Isolierverglasung „nur" 20 l. Denn die ruhende Luftschicht zwischen den Scheiben überträgt weniger Wärme nach außen. Ein weiterer Vorteil: Die raumseitige Glasscheibe kühlt nicht so stark ab, es bildet sich kein Schwitzwasser, und wegen der höheren Temperatur der Innenscheibe steigt die „Behaglichkeit" des Raumklimas.

Die Umrüstung der Fenster auf Doppelverglasung ist eine der beliebtesten größeren Maßnahmen zur Energieeinsparung. Was läßt sich tun?
Wenn die Fensterflügel, Rahmen und Beschläge noch stabil genug sind, dann können Sie Geld sparen, indem Sie Einfachgläser gegen Doppelscheiben austauschen lassen. Aber lassen Sie einen Fachmann prüfen, ob Rahmen und Beschläge das größere Gewicht aushalten. Bei sehr breiten Fenstern ist das oft nicht der Fall. Sind die Fensterrahmen zu schwach, um umgerüstet zu werden, so können Sie überlegen, ob es wirklich nötig ist, sie zum Lüften oder Reinigen zu öffnen. Denn fest eingebaute, nicht zu öffnende Fenster können auch die schweren Doppelglasscheiben verkraften. Außerdem lassen sich die Spalten und Ritzen dauerhaft abdichten. Die nachträgliche Umrüstung erfolgt durch Einbau von Doppelglas anstelle des Einfachglases. Wenn der vorhandene Falz genügend stark ist, kostet dies etwa DM 160,–/m^2 Fensterfläche. Ist der Falz nicht genügend stark, der Flügel aber noch stabil, müssen der Falz vertieft und neue Halteprofile in den Rahmen eingelassen werden. Die Kosten hierfür betragen etwa DM 240,–/m^2.

Vorsatzfenster schlucken den Lärm

Eine andere Umrüstungs-Methode ist das Anbringen einer sogenannten Vorsatzscheibe auf der Innenseite des Fensterflügels. Diese besteht aus einer in einem leichten Rahmen aus Kunststoff oder Aluminium eingefaßten Glasscheibe. Durch Klemmverschlüsse wird sie von innen am Fensterflügel befestigt und bildet so ein „Doppelfenster" mit fest

Vorsatzflügel anstelle von Isolierglas

eingeschlossenem Luftpolster zwischen der alten und der vorgesetzten Scheibe. Um gelegentlich zwischen die Scheiben eindringendes Schwitzwasser zu entfernen und zum Reinigen können die Klemmverschlüsse gelöst und der Zusatzrahmen aufgeklappt werden. Die Kosten dieser Vorsatzrahmen betragen einschließlich Montage etwa DM 170,–/m^2.
Der Vorsatzrahmen belastet den Fensterflügel, den Rahmen sowie die Beschläge mit zusätzlichem Gewicht. Diese Vorsatzflügel haben den Vorteil, daß der Abstand zwischen den beiden Fensterscheiben größer ist als bei normalem Isolierglas, nämlich 15 bis 30 mm entsprechend dem Abstand der alten Scheibe vom Innenrand des Flügels. Bei Isolierglas beträgt das Luftpolster zwischen den Scheiben nur 12–16 mm. Das dikkere Luftpolster erhöht zwar die Wärmedämmung kaum über den Wert der Isolierglasscheibe, wirkt sich aber bei der Schalldämmung um so stärker aus.
Vorsatzrahmen sind deshalb bei Räumen mit Lärmbelästigung (z. B. an verkehrsreichen Straßen) eine günstige Lösung, um ohne allzu großen Aufwand zwei Fliegen mit einer Klappe zu schlagen.

Wärmeschutz und Schallschutz kombinieren!

Bei Räumen mit starker Lärmbelästigung sollten Sie zusammen mit dem Wärmeschutz auch den Schallschutz verbessern. Vorsatzrahmen sind hierzu eine günstige Lösung, wenn der Schallpegel nicht allzu hoch oder Ihre Nerven nicht allzu strapaziert sind. Sie bringen für verhältnismäßig wenig Geld eine erhebliche Beruhigung. Für besseren Schallschutz sind jedoch komplizierte und teure Fensterkonstruktionen erforderlich, denn der Abstand zwischen den Scheiben muß möglichst groß sein, um einen günstigen Schalldämmeffekt zu erreichen. Das erfordert dicke Profile für Flügel und Rahmen. Außerdem müssen Scheiben, Flügel und Rahmen so konstruiert sein, daß der Schall keine Nebenwege findet. Schallgedämmte Fenster sind daher wesentlich teurer als einfache Wärmeschutzfenster mit Isolierglas.
Vergessen Sie beim Schallschutz nicht das Lüftungsproblem: Wenn die Schallschutzfenster installiert sind, können Sie wählen: Entweder auf Lüftung verzichten – was besonders an heißen Tagen oder Nächten schwerfällt – oder die Fenster öffnen und den Lärm wieder hereinlassen. Wenn Sie sich erst einmal an Lärmschutzfenster gewöhnt haben, schmerzt der Lärm besonders.
Jeder Lüftungsschlitz macht die kostspieligen Bemühungen zur Lärmbekämpfung zunichte und läßt den Lärm hinein! Eine elegante Lösung dieses Problems bieten schallgedämmte Lüftungsgeräte, wie z.B. der „Flüsterlüfter" der Fa. Eberspächer. Hier ist einem elektrischen Kleingebläse ein „Schalldämpfer" vorgeschaltet, so daß kühle Luft geräuschlos in den Raum gelangt. Kosten einschließlich Einbau etwa DM 1 000,–.

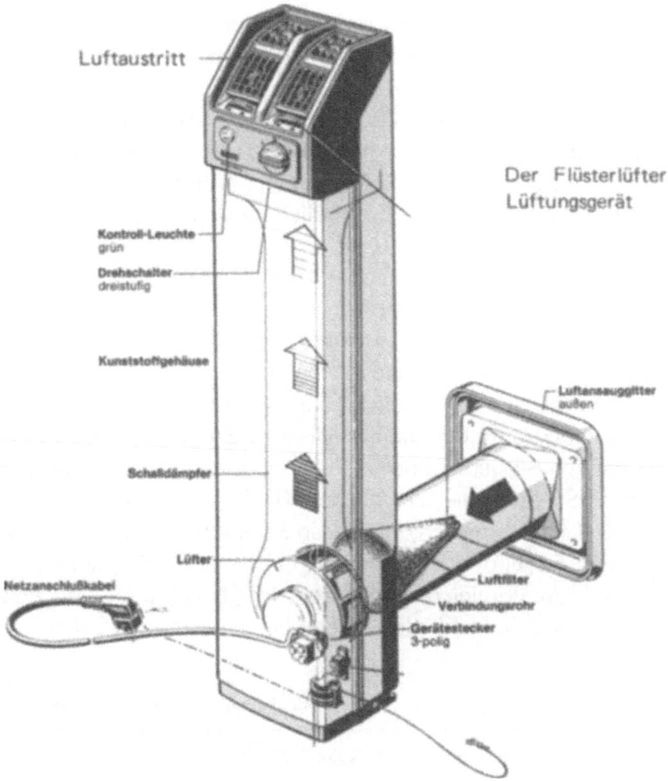

Der Flüsterlüfter, ein schalldämpfendes Lüftungsgerät

Neue Fenster mit Isolierglas

Wenn Sie bzw. Ihr Fensterfachmann Ihren alten Fenstern keine zusätzliche Belastung mehr zutrauen und deren Lebensdauer begrenzt ist, sollten Sie in den sauren Apfel beißen und neue Fenster einsetzen lassen. Dann haben Sie auch die Gewißheit, daß der Wärmeverlust durch Fugen und Ritzen weitgehend vermieden wird. Denn neue Fenster haben elastische Dichtungen zwischen Flügel und Rahmen und vermeiden all die kleinen „Wärmesünden", die man noch vor einigen Jahren nicht ernst nahm.
Es gibt ein breites Angebot an verschiedenen Bauarten und Materialien für Fenster: Holz, Kunststoff, Aluminium sowie Kombinationen dieser Baustoffe. Von der Fichte bis zum Edelholz, vom weißen PVC (Polyvinylchlorid) bis zum schwarzbraunen PUR (Polyurethan) reicht die Palette der Baustoffe.
Zwischen modernen Holzfenstern und den seit vielen Jahren bewährten weißen PVC-Fenstern gibt es keine großen Unterschiede in Preis oder Qualität.

Fenster aus weißem PVC wurden seit 20 Jahren praktisch erprobt. Ihre Farbechtheit und Witterungsbeständigkeit haben diese Fenster in millionenfacher Ausführung seit Jahren bewiesen.
„Bunte" Fenster in Kunststoff sind seit einigen Jahren auf dem Markt. Weil die Farbe im Sommer durch die Sonnenstrahlen mehr Wärme aufnimmt, dehnen sich diese Fenster stärker aus als weiße Fenster. Es entstehen Spannungen. Farbige Fenster erfordern daher entweder aufwendigere Materialien oder umständlichere Verarbeitungsverfahren. Sie sind daher teurer.
PVC-Fenster haben den Vorteil, daß Sie diese nicht zu streichen brauchen. Sie können sie also jahrzehntelang „vergessen", während Holzfenster gelegentlich einen neuen Anstrich benötigen.
Fenster aus Aluminium oder Aluminium-Kunststoffkombination sind teurer als PVC- oder Holzfenster. Auch PUR-Fenster liegen preislich über PVC- und Holzfenstern.
Gute und solide Fenster aus Holz (einschließlich Anstrich) oder weißem PVC kosten etwa DM 450,–/m^2 einschließlich Einbau. Wenn Sie deren Kosten mit denen der „Umglasung" vergleichen, vergessen Sie nicht die verschiedene Grundlage der Abmessungen! Beim Umglasen wird die Glasfläche gemessen, bei neuen Fenstern die Gesamtfläche in der Laibung, also einschließlich Flügel und Rahmen. Das ergibt für die Fenster eine um etwa 20–30% größere Fläche. Ein Vergleich der Kosten der „Umglasung" mit denen eines Vorsatzrahmens sowie neuer PVC- oder Holzfenster ergibt folgende Zahlen

	Umglasen	Vorsatzrahmen	Neues Fenster
1 m^2 Fensterfläche	DM 200,–	DM 170,–	
1 m^2 + 20% für Flügel und Rahmen			DM 540,–

Durch Umglasen oder einen Vorsatzrahmen können Sie also über die Hälfte der Kosten für den Einbau neuer Fenster sparen. Allerdings lohnt sich das nur, wenn die alten Fenster noch genügend stabil sind.
Und wie verhalten sich Aufwand und Nutzen?
Bei einer Einsparung an Heizöl von 20 l/m^2 sparen Sie pro m^2 Fensterfläche jährlich DM 12,–.
Bei 8,5% Zinsen und einer über 20 Jahre laufenden Amortisation sowie Zuschuß aus öffentlichen Mitteln von 25% ergeben sich folgende Kosten:

	Umglasen	Vorsatzrahmen	Neue Fenster
Kosten pro m^2 Glasfläche	200,–	170,–	540,–
Steuervorteil 25%	50,–	42,–	135,–
Sie investieren	150,–	128,–	405,–
Annuität bei 20 Jahren Abschreibung und 8,5% Zinsen = 10,6%	16,–	14,–	43,–
Einsparung pro m^2 und Jahr			
– Heizöl in Litern	20 l	20 l	20 l
– DM	12,–	12,–	12,–
Kapitalrückfluß in Jahren	12	11	34

Einer Einsparung von DM 12,– pro Jahr stehen also jährliche Kosten von DM 14,– bis DM 43,– gegenüber.

Der Einbau neuer Fenster ist zwar eine der häufigsten Modernisierungsmaßnahmen. Der Kostenvergleich zeigt aber, daß dieses unter dem Gesichtspunkt der Energieeinsparung nicht wirtschaftlich ist!

Allerdings kommt bei jedem Haus einmal der Zeitpunkt, wo der Zahn der Zeit so lange an den alten Holzfenstern genagt hat, daß diese gründlich saniert oder erneuert werden müssen. Ist dieser Zeitpunkt bereits abzusehen, sollten Sie die Entscheidung zum Einbau neuer Fenster mit Isolierglas nicht hinausschieben.

Ganz vorne in der Reihe Ihrer Energiesparmaßnahmen sollten neue Fenster also nicht stehen. Wenn die alten Fenster noch gut sind und eine „Umglasung" möglich ist, stekken Sie deshalb Ihr Geld lieber in Maßnahmen bei denen Aufwand und Kosten in einem günstigeren Verhältnis stehen.

Wenn Sie keine Rolladen mit Lamellenjalousien haben, sollten Sie diese zusammen mit neuen Fenstern einbauen lassen. Es gibt für die Altbaurenovierung geeignete Kombinationen aus Fensterrahmen und Rolladenaufsatz. Sie halten im Sommer die Sonnenstrahlen aus dem Zimmer, bilden im Winter ein zusätzliches Luftpolster zwischen dem Fensterglas und der Außenluft und reflektieren die aus dem Raum kommende Wärmestrahlung. Sie helfen deshalb Energie zu sparen.

3 Die Außenwände

Nur etwa 20–30% der äußeren Umfassung Ihres Eigenheimes bestehen aus Fenstern und Türen, also den typischen Schwachstellen mit Fugen, Ritzen und wärmedurchlässigen Fensterglas. Die nicht mit Öffnungen versehene Wandfläche hat zwar ein günstigeres Dämmvermögen als Fenster. Aber weil die Wandfläche drei bis fünfmal so groß ist als die Fensterfläche, lohnt sich die Überlegung, ob und wie Verbesserungen möglich und sinnvoll sind. Ein Vorteil: Die Dämmung vom Mauerwerk ist einfacher und billiger als die Verminderung der Wärmeverluste bei Fenstern.

Die meisten in den fünfziger und sechziger Jahren gebauten Eigenheime haben Wände, die den heutigen Anforderungen nicht mehr entsprechen: 24 cm starkes Ziegel-, Beton-

Der jährliche Wärmeverlust je Quadratmeter Wandkonstruktion entspricht . . .

. . . bei ungedämmter Außenwand

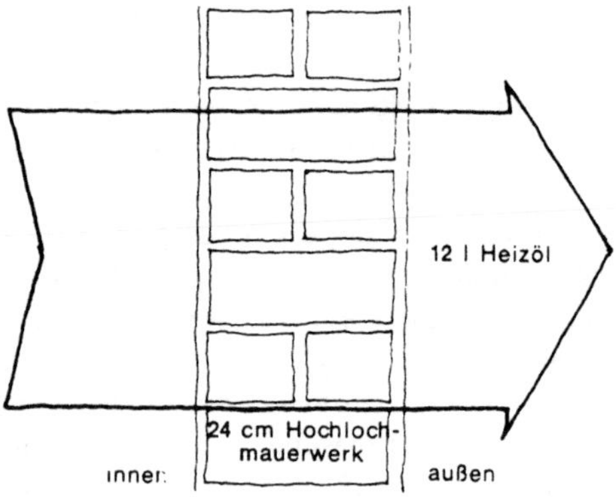

. . . bei Außendämmung

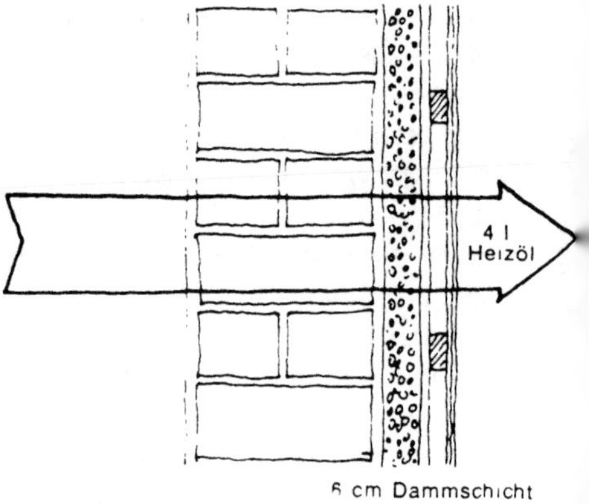

. . bei Innendämmung

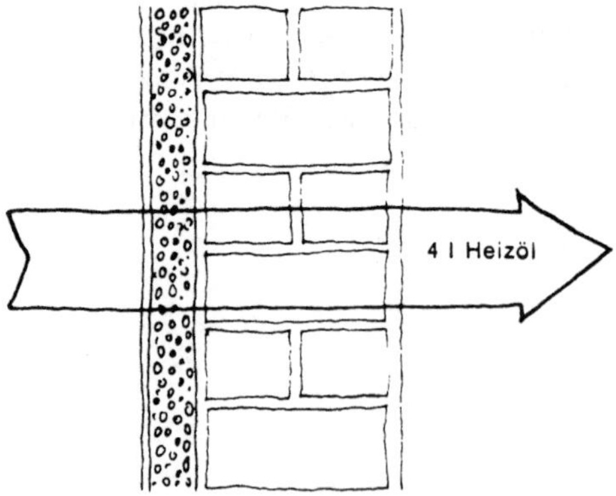

Wand und Dämmung – innen oder außen?

stein- oder Kalksteinmauerwerk mit 2 cm starkem Putz innen und außen. Jährlich kriecht durch eine solche Wand der Gegenwert von 12 l Heizöl/m^2 hindurch, bei einer gut gedämmten Wand sind es dagegen nur 3–5 l. Sie können also bis zu 9 l pro Jahr und m^2 Heizöl sparen, wenn Sie die Wand besser dämmen.
Aber wie?
Das Problem läßt sich von zwei Seiten aus lösen: Von innen oder von außen.
Theoretisch wäre es besser, die Wand außen mit einer zusätzlichen Wärmedämmung auszustatten. Denn dann dient die schwere Wand als „Wärmespeicher", der vor Aufwärmung durch Sonnenstrahlen im Sommer, vor allem aber vor Abkühlung im Winter schützt. Dadurch behalten die Räume eine gleichmäßige Temperatur. Das macht das Raumklima behaglich. Aber die nachträgliche Dämmung der Wand von außen ist kompliziert und teuer. Sie ist in der Praxis nur möglich, wenn zumindest eine ganze Hausseite, möglichst aber das gesamte Haus eine „neue Haut" aus Isolierputz oder eine Fassade mit Wärmedämmplatten und Wetterschutz erhält. Das kostet etwa DM 70,–/m^2.
In den meisten Fällen ist diese Ideallösung zu teuer.

Wärmedämmung von innen

Überlegen wir uns deshalb, ob sich eine Wärmedämmung von innen lohnt und wie sie durchgeführt werden kann. Denn vom Standpunkt der Wärme**dämmung** (nicht der Wärme**speicherung**) macht es keinen Unterschied, ob die Dämmschicht innen oder außen angebracht wird; die Energieeinsparung ist die gleiche. Es kommt nur auf die Dicke und Art des Dämmstoffes an. Die Innendämmung hat praktische Vorteile: Sie ist preisgünstig, kann schrittweise oder nur an besonders wichtigen Stellen angebracht werden (z.B. an den Ost- und Nordwänden von Wohn- und Eßzimmer). Ein geschickter Heimwerker kann die Arbeit selbst durchführen – wenn ihm die Familie dabei hilft! Und die Außenansicht des Hauses bleibt erhalten. Eine Genehmigung der Baubehörde ist nicht notwendig.

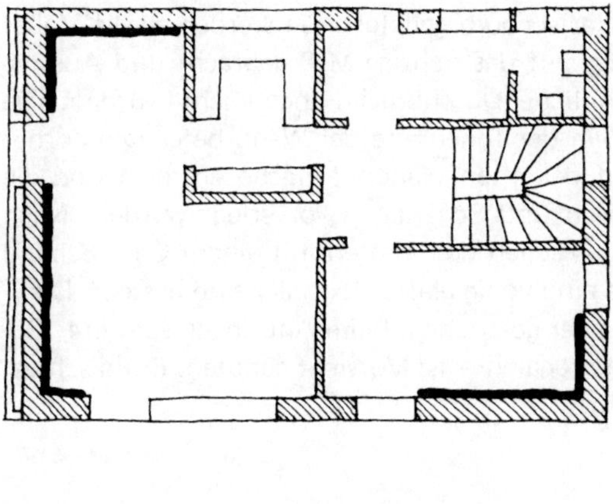

Wärmedämmung – innen oder außen? Innendämmung kann dem Bedarf besser angepaßt werden!

Der Nachteil: Das Wärmespeichervermögen der Außenwand geht verloren, das Zimmer wird etwas kleiner. Das ist jedoch nicht so gravierend, wenn nur eine Wand des Zimmers gedämmt wird, weil die übrigen Wände sowie Decke, Fußboden und Innenwände auch aus wärmespeicherndem Material gebaut sind und daher temperaturausgleichend wirken.

Drei Tips für die Wärmedämmung der Wände von innen:

- **Dämmen Sie zuerst kalte Wände auf der Wetterseite, denn dort lohnt sich die Arbeit am meisten. Und weil dort weniger Fenster sind, ist es einfacher: Es sind weniger Anschlüsse an Fenstern und Türen einzuarbeiten. Besonders die Nord- und Ostwand hinter Betten oder Sitzecken ist oft kühl. Die Dämmung verbessert die Behaglichkeit.**
- **Wenn Sie schon die Arbeit machen, dann lohnt sich nur eine Dämmschicht aus 6 cm Styropor oder Mineralfasermatten. Bei dünnerem Material sparen Sie kaum Arbeit oder Materialkosten. Aber die Wirkung ist der Materialdicke entsprechend geringer.**
- **Beachten Sie den Abschnitt „Dampfsperre" in diesem Buch S. 61, sonst riskieren Sie Ärger mit feuchten Wänden und wundern sich, woher das „Schwitzwasser" kommt — wo doch vorher alles trocken war!**

Welche Materialien und Methoden sind für die Dämmung von innen geeignet? Weil sie heimwerkerfreundlich und auch bei Ausführung durch Handwerker lohnsparend sind, kommen hauptsächlich in Frage:

- **Gipskarton-Hartschaum-Verbundplatten**
- **Mineralfaserfilzmatten mit einer Verkleidung aus Holz oder Gipskartonplatten.**

Gipskarton-Hartschaum-Verbundplatten

Bei den Verbundplatten handelt es sich um raumhohe, großflächige Platten aus 12 mm Gipskarton für die dem Raum zugewandte Seite und mehreren cm dickem Hartschaumstoff an der Mauerseite. Das Format der Platten ist 2,50 x 1,00 m. Die Platten werden handelsüblich mit 2, 3, 4, 5 und 6 cm Hartschaum geliefert. Sie werden an die Mauer geklebt, nachdem sie vorher mit der Säge auf das richtige Maß gebracht und Aussparungen für Steckdosen, Schalter und ähnliche Durchbrüche angebracht wurden. Die Platten werden mit einem Mörtelbinder an der Innenseite der Wand befestigt. Vorher müssen jedoch Tapete und Anstrich auf der alten Wandoberfläche entfernt und die elektrischen Anschlüsse — wie Steckdosen und Schalter — vorverlegt werden. Nach dem Ankleben werden dann die Fugen zwischen den Platten mit einem Gewebeband verdeckt und verspachtelt. Dadurch wird eine völlig glatte Oberfläche hergestellt. Dann werden die Gipskartonplatten tapeziert oder gestrichen. Beim Anbringen schwerer Gegenstände — wie Waschtischen oder Bücherregalen — ist Vorsicht geboten. Denn schwere Lasten verträgt die Verbundplatte nicht!

Dämmung mit Verbundplatten. Der Kleber wird an den Rändern streifenförmig und innen punktförmig verteilt.

Die raumhoch zugeschnittene Platte wird an die Innenwand gedrückt und ausgerichtet.

Nur geübte Heimwerker sollten sich an diese Arbeit wagen, denn die fachgerechte Anbringung der Platten, besonders der nahtlose Übergang an Ecken, Fenstern und Türen erfordert Geschick. Mindestens ein Helfer ist notwendig, um die schweren Platten zu halten.

Wer sich diese Arbeit nicht zutraut, sollte nicht zögern, damit einen Fachmann (Maler, Verputzer, Tapezierer oder Schreiner) zu beauftragen.

Bei der Verbundplatte wird der weiche Hartschaum durch die Gipsplatte vor Stößen geschützt. Die Gipsplatte ist einfach zu tapezieren oder zu streichen. Mit Spezialklebern können auch Fliesen darauf befestigt werden.

Nur in Ausnahmefällen ist es sinnvoll, eine Wand statt mit Verbundplatten nur mit Hartschaumplatten zu bekleben. Denn Hartschaum ist nicht genügend fest, um selbst geringfügige Stöße aufzunehmen. Aber wenn die Wand vollständig geschützt ist, z.B. durch einen großen Schrank, ein Klavier oder eine „Schrankwand", lohnt es sich. Denn Hartschaumplatten sind billiger als Verbundplatten und auch einfacher anzubringen. Hartschaumplatten lassen sich auch tapezieren; allerdings sind dazu Spezialkleber erforderlich.

Hartschaumplatten werden in den Abmessungen 100 x 50 cm und in Stärken von 2, 2,5, 3, 4, 5, 6 cm sowie in noch dickeren Ausführungen geliefert.

Was ist über die Wirtschaftlichkeit der Wärmedämmung mit Hartschaum- und Verbundplatten zu sagen?

Die folgende Übersicht zeigt den Materialpreis für den Heimwerker (Platten, Klebstoff, Tapeten) sowie Richtpreise für die Ausführung der Arbeit durch einen Handwerker (Material und Löhne) bei Verwendung von 6 cm dickem Hartschaum:

	Hartschaumplatte durch Heimwerker	Verbundplatte durch Heimwerker	Verbundplatte durch Handwerker
Preis pro m^2	12,–	20,–	50,–
Steuervorteil 25%	3,–	5,–	12,50
Sie investieren	9,–	15,–	37,50
Annuität bei 20 J. Abschreibung u. 8,5% Zinsen 10,5%	0,95	1,60	4,–
Einsparung pro m^2 und Jahr			
– Heizöl in Litern	8 l	8 l	8 l
– DM	5,–	5,–	5,–
Kapitalrückfluß in Jahren	2	3	8

Das Anbringen von Hartschaumplatten an stoßgeschützten Stellen ist also eine hochrentable Investition. Aber auch eine Dämmung mit Verbundplatten durch Handwerker ist wirtschaftlich sinnvoll. Je nach dem Schwierigkeitsgrad dieser Arbeit (schwierige Nahtstellen an den Rändern, an Fenstern usw.) werden die Angebote Ihrer Handwerker über oder unter dem hier angegebenen Richtwert liegen.

Dämmung mit Mineralfasermatten

Mineralfasermatten haben folgende Vorteile gegenüber Hartfaserschaumplatten: Sie sind nicht brennbar und entwickeln im Brandfall keine giftigen Rauchgase, wie das bei Hartschaum der Fall ist. Sie sind schallschluckend und tragen daher besser als Verbundplatten zur Schalldämmung bei.
Die Matten werden auch in einer aluminiumkaschierten Ausführung geliefert: Die Aluminiumfolie dient als Dampfsperre.
Feuchtigkeit durch Schwitzwasser wird dadurch ohne zusätzlichen Arbeitsaufwand vermieden. Matten sind „heimwerkerfreundlicher" als Verbundplatten und können auch von einem weniger erfahrenen Heimwerker, notfalls sogar ohne Helfer verarbeitet werden.
Die Dämmeigenschaften sind – gleiche Materialdicke vorausgesetzt – genau so gut wie bei Hartschaumplatten.
Die Anbringung geschieht wie folgt:
Die Mineralfasermatten werden in Breiten von 60, 70, 80 und 100 cm und in Dicken von 5, 6, 8 und 10 cm mit Beschichtung aus Aluminiumfolie und beidseitig verstärkten Rändern in 6 bis 10 m langen Rollen geliefert.
Zuerst werden auf der Wand Holzplatten (6 x 6 cm) in dem der Rollenbreite entsprechenden Abstand senkrecht an die Wand genagelt oder gedübelt. Die Matten werden zwischen diesen Latten angebracht mit der Aluminiumfolie zum Raum hin, da diese als Dampfsperre wirkt. Sie werden durch Heften am Rand an den Latten befestigt.
Als Verkleidung werden dann je nach der gewünschten Wandoberfläche Holzpaneele, Profilbretter, Spanplatten oder Gipskartonplatten verwendet. Die Fugen zwischen den Platten werden mit Gewebeband verklebt und verspachtelt. Die Platten können dann tapeziert oder gestrichen werden. Die Materialkosten für den Heimwerker sowie die Kosten bei Ausführung durch Handwerker sind ähnlich wie bei Verbundplatten, ebenso die Einsparung an Heizöl.
Abgesehen von den bereits erwähnten Vorteilen der Mineralfasermatten gegenüber Hartschaumverbundplatten ist es im wesentlichen eine Frage der Abmessungen des Raumes und der erforderlichen Anschlüsse an Wände, Fenster, Mauervorsprünge usw., ob der Aufwand bei Verbundplatten oder Mineralfasermatten bei Beauftragung eines Handwerkers niedriger ist. Es empfiehlt sich daher, vom Handwerker für beide Alternativen Angebote anzufordern. Wollen Sie als Heimwerker die Arbeit selber durchführen, dann sollten Sie die leichter zu verarbeitenden Fasermatten wählen.

Lattenrost, Mineralfasermatten
und Gipskartonplatten

Wärmedämmende Tapeten

Es handelt sich um Tapeten mit etwa 5 mm dicker Schaumstoffunterlage oder um sogenannte „Isolier-Untertapeten" aus 5 mm Schaumstoff. Die Wärmedämmung dieser Tapeten ist zu gering, um die Oberflächentemperatur der Wand ausreichend zu erhöhen und dadurch die Behaglichkeit des Raumes nennenswert zu verbessern. Auch die Einsparung von Heizöl ist nur gering. In der Regel lohnt es sich daher nicht, diese Tapeten zu verwenden. Ein weiterer Nachteil: Sie sind nicht genügend stoßfest.

Außendämmung der Wände

Wird die Wärmedämmung außen angebracht, so muß diese durch eine „Schutzhaut" vor Wind und Wetter geschützt werden. Durchnäßter Dämmstoff verliert seine dämmende Wirkung. Die Außendämmung hat den Vorteil, daß die Wärmespeicherfähigkeit des Mauerwerks voll zur Wirkung kommt und das Raumklima verbessert.
Die Temperatur im Innern bleibt gleichmäßiger: Im Winter bleiben die Räume länger warm, im Sommer länger kühl. Die Außendämmung ist jedoch wesentlich teurer als die Innendämmung und kann nicht „selektiv", d.h. nur an bestimmten Stellen erfolgen. Sie muß mindestens an einer Seite des Hauses angebracht werden. Außerdem sind meist erhebliche Anschlußarbeiten an den Fenster- und Türumrahmungen, an Hausecken, Dachanschlüssen, Regenrinnen und Regenleitungen erforderlich. Ein Gerüst ist nötig, um an den oberen Teilen des Hauses arbeiten zu können. Also: keine Arbeit für Heimwerker, auch wenn Sie sich überdurchschnittlich viel zutrauen. Für diese Arbeiten kommt nur der Fachmann, d.h. der erfahrene Handwerker in Frage.
Drei Möglichkeiten gibt es, die Außenwand zu dämmen:

- mit einer hinterlüfteten Fassade
- mit Dämmplatten und darauf angebrachtem Dispersionsschutz
- mit „Wärmedämmputz".

Wenn Sie die Kosten der drei Verfahren vergleichen, sollten Sie aber immer vom gleichen Wärmedämmeffekt ausgehen und dabei den Vergleichswert von 6 cm Hartschaum nicht unterschreiten, denn sonst ist die Energieeinsparung zu gering, um die Kosten zu rechtfertigen.

Hinterlüftete Fassade

Bei der hinterlüfteten Fassade werden auf das Mauerwerk zwischen einem Raster aus Holzlatten Wärmedämmplatten oder Mineralfasermatten von mindestens 6 cm Dicke angebracht. Bei Verwendung von Hartschaumplatten ist darauf zu achten, daß entsprechend den Brandschutzvorschriften nur schwer entflammbares Material verwendet wird.

Über den Dämmstoff wird wiederum ein Lattenrost genagelt. Diese „Konterlattung" dient zur Befestigung des Wetterschutzes, der je nach der gewünschten Fassadengestaltung aus Holz, Asbestzement, Schindeln, Aluminiumtafeln, Schieferplatten, Kunststoffprofilen usw. bestehen kann. Zwischen Wetterschutz und Dämmplatten muß ein 2–4 cm breiter Luftraum verbleiben.

Oben und unten an der Fassade werden Luftein- und austrittsschlitze angebracht. Auf diese Weise wird die Fassade von innen, d.h. an der äußeren Oberfläche der Wärmedämmung stets „belüftet", Schwitzwasser, das durch Kondensation des aus dem Gebäude austretenden Wasserdampfes entsteht, wird abgeführt. Das verhindert die Durchfeuchtung, oft die Zerstörung des Wärmeschutzes – vorausgesetzt, daß die Belüftung der Fassade einwandfrei funktioniert.

Herstellung einer hinterlüfteten Fassade

Je nach Art des Wetterschutzes und dem Umfang der erforderlichen Zusatzarbeiten für Gerüst und Anschlußarbeiten müssen Sie bei hinterlüfteten Fassaden mit Kosten (einschließlich Montage durch Handwerker, Gerüst und Anschlußarbeiten) von etwa DM 80,– bis DM 120,– pro m^2 rechnen.

Dämmplatten mit Dispersionsschutz

Dieses Verfahren verzichtet auf eine Belüftung. Es kann nur angewendet werden, wenn der Außenputz des Hauses noch fest am Mauerwerk haftet. Auf den Außenputz werden 6 cm dicke Dämmplatten aus Hartschaum oder Mineralfasern aufgeklebt, darüber ein Armierungsgewebe, das einem als Schutzschicht dienenden Kunststoffputz Halt bietet und Rissebildung verhindert.
Der Kunststoffputz kann in jeder gewünschten Farbe und Oberflächenstruktur aufgebracht werden. Helle Farben sind günstig, weil sie die Erwärmung des Putzes durch Sonnenstrahlung und damit die Rissegefahr verringern.

Anbringen der Gewebebahn für eine Außenwanddämmung mit Dispersionsschutz

Diese Art der Außendämmung erfordert viel Erfahrung und ein System sorgfältig ausgewählter Baustoffe, weil die Wärmedehnung der einzelnen Schichten genau aufeinander abgestimmt sein muß.

Holen Sie daher Referenzen ein, bevor Sie ein Unternehmen mit dieser Art von Dämmung beauftragen.

Die Kosten dieser Wärmedämmung betragen etwa DM 60,– bis DM 80,– pro m^2 Außenwand einschließlich Gerüst und Anschlußarbeiten.

Wärmedämmputz

Auf die Wand wird ein unter Verwendung von Hartschaum-Kügelchen gemischter „Leichtputz" aufgebracht, falls notwendig in mehreren Lagen. Weil Leichtputz etwa sechsmal leichter als herkömmlicher Putz ist, kann er in besonders dicken Lagen aufgebracht werden.

Als Wetterschutz erfolgt abschließend ein Edelkratzputz. Diesen kann man in jeder gewünschten Farbe und Oberflächenstruktur haben. Die Verarbeitung der Wärmedämmputze erfordert von der ausführenden Firma viel Erfahrung und große Sorgfalt. Deshalb sollten Sie vor einer Auftragsvergabe auch in diesem Fall Referenzen einholen.

Beim Vergleich der Kosten für Wärmedämmputz mit anderen Methoden der Außendämmung sollten Sie berücksichtigen, daß nur starke Lagen des Dämmputzes eine mit 6 cm Hartschaum oder Mineralfasermatten vergleichbare Wärmedämmung erzielen.

Eine 12 cm dicke Schicht Dämmputz entspricht der Wirkung von 6 cm Hartschaumplatten.

Die Kosten des Wärmedämmputzes einschließlich Gerüst und Anschlußarbeiten betragen etwa DM 100,– bis DM 120,– pro m^2 Außenwand bei Ausführung mit 2 Lagen je 6 cm Dämmputz, zusätzlichem Edelkratzputz sowie Vorbehandlung des vorhandenen Putzes. Wenn jedoch der vorhandene Putz nicht mehr tragfähig und fest genug ist, ergeben sich zusätzliche Kosten für das Entfernen des alten Putzes oder dessen Ausbesserung.

Es handelt sich hierbei um „Richtpreise" für Fassaden mit gleicher Dämmwirkung (Vergleichsbasis: 6 cm Hartschaumplatten).

Die Preise können jedoch je nach der Auslastung der örtlichen Handwerksfirmen, den notwendigen Vorarbeiten am alten Mauerwerk, dem Umfang der Anschlußarbeiten sowie der Art der gewählten Fassadenoberfläche stark von den Richtpreisen abweichen.

Kerndämmung der Außenwand

Dieses Verfahren ist nur möglich, wenn die Wand aus zweischaligem Mauerwerk mit dazwischen liegender Luftschicht besteht, also z.B. bei einer Ziegelsteinwand mit davor angebrachtem Verblend-Mauerwerk. Zweischaliges Mauerwerk ist in Norddeutschland verbreitet, weil dort der Schlagregenschutz besonders wichtig ist.

Bei der Kerndämmung wird Ortschaum aus Polyurethan (PUR) verwendet. Dieser Schaum wird aus zwei Komponenten gebildet, die durch Düsen in die Luftschicht hinter der Verblendschale gespritzt werden. In die äußere Mauer werden Löcher gebohrt, durch diese werden die Schaumstoff-Komponenten in die Luftschicht hinter der Verblendschale eingefüllt.
Der Schaumstoff erhärtet nach dem Einspritzen und dämmt die Wand besser als die vorher vorhandene Luftschicht.
Anschließend werden die Löcher wieder mit Zement verschlossen.
Das Einbringen des PUR-Schaumes zur Kerndämmung erfordert Fachkenntnisse und Erfahrungen. Es ist keine Aufgabe für Heimwerker
Der besondere Vorteil dieses Verfahrens Es wird weder die Innen- noch die Außenansicht des Gebäudes verändert. Und kostspielige Anschlußarbeiten an Ecken, Dach- und Fensteranschlüssen sind nicht notwendig. Daher ist das Verfahren kostengünstig.
Richtpreis bei 6 cm Dämmschichtdicke etwa DM 35,–/m^2.

Wirtschaftlichkeit der Außendämmung

Ein Vergleich der Kosten für die verschiedenen Verfahren der Außendämmung sowie der erzielbaren Öl-Einsparungen gibt folgende Richtwerte.

	Kerndämmung	hinterlüftete Fassade	Dämmung mit Dispersionsputz	Dämmung mit Wärmedämmputz
Kosten pro m^2	35,–	100,–	70,–	110,–
Steuervorteil 25%	9,–	25,–	17,–	27,–
Sie investieren	26,–	75,–	53,–	83,–
Annuität bei 20 Jahren Abschreibung und 8,5% Zinsen = 10,6%	3,–	8,–	6,–	9,–
Einsparung pro m^2 und Jahr				
– Heizöl in Litern	8	8	8	8
– DM	5,–	5,–	5,–	5,–
Kapitalrückfluß in Jahren	5	16	11	17

Es zeigt sich also, daß die nachträgliche Wärmedämmung der Wände von außen unter dem Gesichtspunkt der Energieeinsparung nicht wirtschaftlich ist. Eine Ausnahme bildet die „Kerndämmung".
Aber wenn Sie aus einem anderen Grund, z.B. weil der Putz der Fassade brüchig geworden ist oder Schlagregen in das Mauerwerk eindringt, eine Fassadenrenovierung vornehmen, lohnt es sich auf jeden Fall, dabei auch die Wärmedämmung der Außenwand zu verbessern. Denn die dadurch **zusätzlich** entstehenden Kosten sind verhältnismäßig gering und rechtfertigen den zusätzlichen Aufwand im Hinblick auf die Brennstoffeinsparung.

Der Keller

Auch hier lohnt es sich, den Wärmefluß zu bremsen. Das spart nicht nur Öl und Geld, sondern macht zudem das Erdgeschoß weniger fußkalt. Dämmarbeiten im Keller sind meist einfach und billig. Daher können Sie mit wenig Aufwand hohen Nutzen erzielen. Sofern die Kellerräume nicht ständig benutzt und daher beheizt werden (z.B. ein Büro im Keller oder ein oft genutzter Hobbyraum), ist die Dämmung der Kellerdecke das wirksamste Mittel. Hierfür können Sie normale Platten 50 x 100 cm verwenden oder

Anbringen von Hartschaumplatten an der Kellerdecke

spezielle Hartschaum-Deckenplatten aus Partikelschaum mit abgefaßten Kanten auf der Sichtseite, meist 4 cm dick im Format 50 x 50 cm. Die Platten sollten schwerentflammbar sein. Die Platten werden mit einem Spezialkleber direkt an die Kellerdecke geklebt. Das Anbringen einer Dampfsperre ist nicht notwendig. Diese Arbeit kann auch von weniger geübten Heimwerkern ausgeführt werden.
Die dabei entstehenden Materialkosten betragen etwa DM 7,–/m². Die Ölersparnis bei 4 cm dicken Hartschaumplatten beträgt etwa 4–6 l/pro m² und Jahr. Diese Platten sollten in allen Kellerräumen unter der Decke angebracht werden, also im Vorratsraum, in der Waschküche, im Hobbyraum, Flur usw. Im Heizungsraum selber ist das nicht notwendig, weil durch die Abstrahlung des Heizkessels die Temperatur über 20 °C liegt und daher ein Wärmeabfluß vom Erdgeschoß zum Heizungskeller nicht stattfindet. Allerdings sollten Sie dafür sorgen, daß die Fenster und die Brandschutztür zum Heizungskeller gut schließen, um einen Wärmefluß vom Heizungsraum in den Keller zu verhindern.
Daß die Dämmung der Kellerdecke wirtschaftlich sehr sinnvoll ist, zeigen folgende Zahlen:

Wärmedämmung der Kellerdecke mit 4 cm Hartschaumplatten durch	Heimwerker	Handwerker
Kosten pro m²	7,00	15,00
Steuervorteil 25%	1,75	3,75
Sie investieren	5,25	11,25
Annuität bei 20 Jahren Amortisation und 8,5% Zinsen = 10,5%	0,55	1,20
Einsparung pro m² und Jahr		
– Heizöl in Litern	4	4
– DM	2,40	2,40
Kapitalrückfluß in Jahren	2	5

Benutzte Kellerräume

Werden Kellerräume laufend benutzt (z.B. Hobbyraum, Büroraum), dann sollten Sie für eine gute Wärmedämmung sowohl der Decke als auch der Außenwände sorgen. Denn die Kellerwände haben in der Regel eine schlechte Dämmwirkung. Das macht den Raum unbehaglich. Die Wände sind zu kühl, der Körper verliert viel Strahlungswärme.

Anbringen von Hartschaumplatten an der Kellerwand

Daher sollten Sie die Außenwände von innen her dämmen. Eine gute Dampfsperre ist wichtig, weil die Kellerluft feucht ist und im kalten Bereich der Dämmschicht kondensiert. Dieses Kondenswasser kann nicht entweichen und durchfeuchtet die Dämmung.
Für die Dämmung geeignet sind Hartschaumplatten, die zwischen ein an der Wand mit Dübeln befestigtes Lattenrost gelegt werden. Stärke des Dämmstoffes: mindestens 4 cm. Nach Anbringen des Dämmstoffes wird raumseitig über das Rost eine Kunststoff-Folie aufgebracht und mit Heftern befestigt. Dann werden Gipskartonplatten oder andere Verkleidungen angebracht.
Diese Maßnahmen dienen dazu, den Kellerraum behaglich zu machen und bei dessen Beheizung Energie zu sparen.
Für die Verminderung des Ölverbrauchs im Haus selber reichen aber Dämmplatten an der Kellerdecke aus.
Vergessen Sie nicht, die Tür zum Kellerabgang so abzudichten, daß keine Zugluft vom beheizten Erdgeschoß in den Kellerraum dringt.

4 Dach und oberste Geschoßdecke

Durch das Dach entweichen etwa 18% Ihrer Heizenergie. Mit einer besseren Wärmedämmung sparen Sie je m^2 etwa 8 l Heizöl pro Jahr. Im Sommer bleibt das Haus länger kühl, im Winter länger warm.

Prüfen Sie die Baupläne Ihres Hauses oder schauen Sie nach, wie gut die Wärmedämmung des Hauses jetzt ist. Die meisten Häuser haben in der obersten Geschoßdecke weniger als 3 cm Wärmedämmung aus Hartschaum oder Mineralfasern. In älteren Bauten wurden meist noch Holzwolle-Leichtbauplatten (z.B. Heraklith) verwendet, die nur die halbe Dämmwirkung von Hartschaum haben. Oft besteht die Decke im Obergeschoß nur aus einer Beton-Fertigdecke mit Füllkörpern aus Bimsbeton ohne weitere Dämmstoffschicht. Dies reicht bei den heutigen Energiekosten nicht aus. Man sollte daher durch eine zusätzliche Dämmung der Decke oder der Dachschräge die vorhandene – unzureichende – Wärmedämmung ergänzen.

Wie gehen wir vor?

Folgende Möglichkeiten bieten sich an:

- beim geneigten Dach: entweder Dämmung der Dachschräge (also zwischen den Sparren) oder der obersten Geschoßdecke
- beim Flachdach: bei einem „einschaligen" Dach (Warmdach) Aufbringung von Hartschaum auf der Dachoberfläche („Umkehrdach"), bei einem zweischaligen Flachdach (Kaltdach): Anbringen von Hartschaum- oder Mineralfasermatten unterhalb der Decke im Obergeschoß.

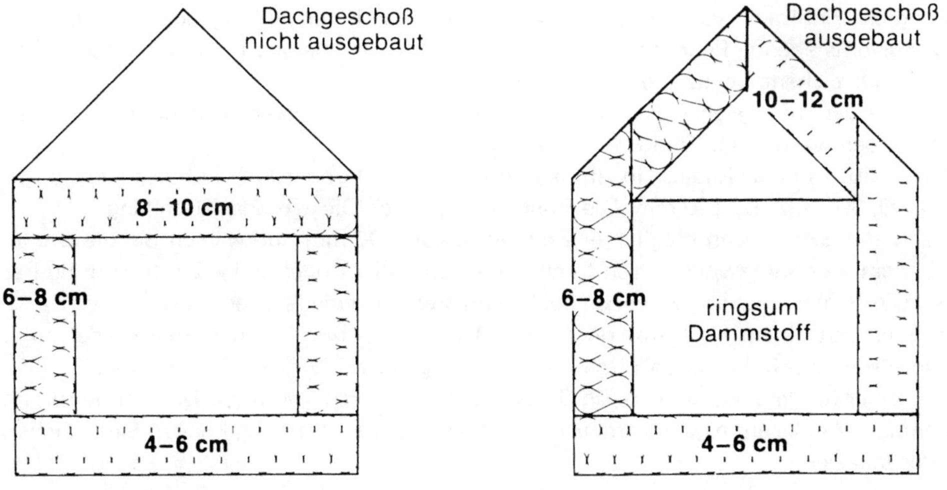

Dämmung des ausgebauten und des nicht ausgebauten Dachgeschosses. Die Dämmung der Dachschräge ist teurer!

Geneigtes Dach: Wenn Sie den Dachraum zu Wohnzwecken ständig benutzen, lohnt es sich, diesen in das neue „Wärmeschutzkleid" einzubeziehen, obwohl dies teurer ist als die Dämmung der obersten Geschoßdecke, weil die Dachschrägen um 30–40% mehr Fläche haben. Sie verbrauchen also mehr Material, und wegen der größeren Flächen geht auch mehr Wärme verloren. Daher sollten Sie möglichst eine 10 cm starke Dämmung vorsehen. Diese Arbeit kann ein geschickter Heimwerker mit Helfer durchführen. Überzeugen Sie sich vor Beginn der Arbeit – auch wenn Sie einen Handwerker mit der Arbeit beauftragen –, ob das Dach dicht ist. Denn sonst können Feuchtigkeitsschäden entstehen, und die angebrachte Dämmung muß später für Reparaturen wieder entfernt werden. Halten Sie nach Wasserflecken am Boden oder am Gebälk Ausschau. Diese geben Hinweise, ob und wo die Dachdeckung oder einzelne Dachziegel ausgewechselt werden müssen.

Prüfen Sie ferner, ob die Dachbalken frei von Fäulnis oder Schädlingsbefall und ausreichend stabil sind. Ist das nicht der Fall, so sollten Sie lieber auf den Dachausbau verzichten und statt dessen die Decke mit einer Dämmung versehen. Oder das Dach bzw. Gebälk von einem Fachmann sanieren lassen.

Überlegen Sie auch, ob Sie vorher ein zusätzliches Dachfenster anbringen wollen.

Bei älteren Dächern kann es sinnvoll sein, die Dachkonstruktion vorher gegen Fäulnis und Schädlinge zu imprägnieren. Sie muß dann genügend austrocknen, um eine Beschädigung der Dämmstoffe zu vermeiden. Bei der Verwendung von Hartschaumplatten auf dem Dachboden dürfen die benachbarten Holzflächen und Balken nur mit lösungsmittel- und ölfreien Holzschutzmitteln auf Salzbasis behandelt sein, weil sonst das Schutzmittel die Hartschaumplatten zersetzen könnte. Achten Sie darauf, daß auch nach Einbringen der Wärmedämmung zwischen den Dämmstoffen und der Dachdeckung ein Hohlraum von mindestens 4 cm bleibt, damit der Luftzug die durch Schwitzwasser entstehende Feuchtigkeit abführen kann. An Traufe und First muß dieser Hohlraum ausreichend be- bzw. entlüftet werden.

Für die Dämmung eignen sich aluminiumkaschierte Mineralfaser-Filze mit seitlich überstehenden, verstärkten Randstreifen am besten.

Diese gibt es handelsüblich in Breiten von 60, 70, 80 und 100 cm und in Dicken von 50, 60, 80, 100 und 120 mm. Die Rollen sind je nach Dicke 6 oder 10 m lang.

Benutzen Sie – wenn möglich – eine Dicke von 100 mm und wählen Sie die Breite, die dem Abstand zwischen den Dachsparren entspricht oder einige Zentimeter breiter ist. Die Bahnen werden, von oben beginnend, zwischen die Sparren gedrückt, die Randstreifen mit einem Heftgerät oder mit „Dachpappenägeln" an den Sparren befestigt. Die Aluminiumfolie dient als Dampfsperre und gehört daher auf die Innenseite.

Als Innenverkleidung können Sie Gipskartonplatten, Profilbretter oder Hartfaserplatte nehmen, die Sie auf einem Lattenrost befestigen. Die Verkleidung können Sie streichen oder tapezieren.

Dämmung der Dachschräge mit aluminiumkaschierten Mineralfilzbahnen. Die Bahnen können zur Verschönerung mit Dielen oder Gipskartonplatten verkleidet werden.

Vergessen Sie nicht, die Giebelwände ebenfalls zu dämmen.
Die Dämmung der Dachschräge ist wirtschaftlich, wie folgende Richtpreise zeigen:

10 cm Mineralwolle mit Gipskartonplatten	Heimwerker	Handwerker
Kosten pro m^2 Dachschräge	28,00	50,00
Steuervorteil 25%	7,00	12,50
Sie investieren	21,00	37,50
Annuität bei 20 Jahren Abschreibung und 8,5% Zinsen = 10,6%	2,20	4,00
Einsparung pro m^2 und Jahr – Heizöl in Litern	8	8
– DM	4,80	4,80
Kapitalrückfluß in Jahren	4	8

Nachträgliche Dämmung bei bewohnten Dachräumen

Wenn das Dachgeschoß bereits bewohnt ist und eine Entfernung der Verkleidung von Wänden und Dachschrägen mit zu viel Aufwand und Kosten verbunden wäre, können Sie von außen eine zusätzliche Wärmedämmung anbringen lassen, vorausgesetzt, daß unter den Dachziegeln keine Schalung oder Staubfolie angebracht ist.
Dabei muß das Dach „umgedeckt" werden, eine sehr lohnintensive und daher teure Arbeit. Aber wenn die Dachziegel ohnehin erneuerungsbedürftig sind, kann sich diese Methode lohnen. Dabei werden vom Dachdecker Mineralfaser-Matten von außen zwischen die Dachsparren geschoben.

Dämmung der Dachgeschoßdecke

Ist der Dachraum ungenutzt und dient er auch nicht als Trockenboden, so ist das Anbringen der Dämmschicht einfach und billig, vorausgesetzt, daß der Dachboden zugängig bzw. bekriechbar ist. Als Dämmstoff eignen sich unkaschierte Mineralfaser-Filze, möglichst 8 cm dick.

Anbringen von Mineralfaserfilzbahn auf dem Dachgeschoßboden zwischen den vorhandenen Kanthölzern.

Der gedämmte Dachboden wird mit Fußbodendielen begehbar gemacht.

Auch 8 cm dicke Hartschaumplatten der Güteklasse B 1 (schwer entflammbar) kommen hierfür in Frage. Die Bahnen bzw. Platten werden auf dem Boden fugendicht verlegt und mit einem Kleber angeheftet, damit sie nicht rutschen. Sie können quer zu den Balken verlegt werden, auch wenn dadurch zwischen Platte und Balken eine Luftschicht entsteht.

Sie können die Mineralfaserrollen aber auch zwischen die Balken legen.

Damit der Schornsteinfeger Zugang zur Reinigungsklappe oder Dachausstiegsluke erhält, verlegen Sie einen Laufsteg aus Brettern oder Spanplatten über den Dämmplatten.

Wird der Dachraum als Abstellraum oder Trockenboden benutzt, dann müssen Sie etwas mehr Arbeit investieren, damit Sie über den Dämmplatten eine begehbare Fläche erhalten. Prüfen Sie bei einer Holzbalkendecke mit darüber genagelten Brettern zunächst, ob darunter noch mindestens 6 cm Luftraum sind. In diesem Fall können Sie Mineralfasermatten oder Hartschaumplatten unter die Bretter schieben.

Die Dämmstoffdicke sollte möglichst 8 cm, mindestens aber 6 cm betragen. Sie entfernen streifenweise einige Bretter, schneiden dann die Dämmstoffe auf die notwendige Breite und schieben diese zwischen die Oberkante der Decke und die Holzdielen. Ist der Zwischenraum gefüllt, werden die Dielen wieder angenagelt, und der nächste Dielenstreifen ist an der Reihe. Auf diese Weise sparen Sie die Kosten neuer Dielen. In beiden Fällen, bei ungenutztem Dachraum und bei Unterbringung der Dämmschicht unter den Dielen, betragen die Materialkosten etwa DM 15,–/m^2. Die Heizölersparnis beträgt bei 8 cm Dämmstoffstärke 8 l/Jahr bzw. DM 4,80. Sie haben Ihr Geld also in drei Jahren zurück – ein lohnendes Geschäft.

Wenn Sie nicht das Glück haben, die Dämmschicht unterhalb der vorhandenen Dielen unterbringen zu können, dann müssen Sie eine Dämmschicht und anschließend einen neuen Fußboden aufbringen.

Eine billige Lösung ist folgende: Zuerst bringen Sie auf dem Boden (Estrich oder Dielen) eine Kunststoff-Folie als Dampfsperre auf. Starke Unebenheiten des Bodens können Sie vorher mit Sand ausgleichen. Auf der Folie verlegen Sie Hartschaumplatten oder Mineralfasermatten fugendicht und sichern diese gegen Verrutschen durch punktweises Anheften mit Klebstoff. Darauf verlegen Sie Spanplatten (Type V 100, mit Nut und Feder) und verbinden diese durch Nagelklammern miteinander.

Wenn Sie eine schmale Dachluke zum Speicher haben, kommen Sie jedoch mit den sperrigen Spanplatten (Format 100 x 200 cm!) nicht auf den Dachboden. Dann emfiehlt es sich, die Dämmplatten zwischen im Abstand von 50 cm (bei Verwendung von Hartschaumplatten) oder 60 cm (Mineralfasermatten) aufgenagelten Kanthölzern zu verlegen. Über die Kanthölzer nageln Sie dann Dielenbretter (mit Nut und Feder, etwa 16 mm dick). Oft bieten Holzhandlungen und Baumärkte Dielenbretter zweiter Wahl zum Sonderpreis an.

Die Dämmung des Dachbodens mit nachträglicher Aufbringung eines neuen Fußbodens ist zwar etwas teurer als bei einem ungenutzten Dachboden, aber sie gehört immer noch zu den „lohnenden" Energiesparmaßnahmen. Folgende Richtpreise und Kosten zeigen das:

	8 cm Dämmung ohne neuen Fußboden		8 cm Dämmung mit neuem Holzspanboden	
	Heimwerker	Handwerker	Heimwerker	Handwerker
Kosten pro m^2	15,00	30,00	20,00	40,00
Steuervorteil 25%	3,75	7,50	5,00	10,00
Sie investieren	11,25	22,50	15,00	30,00
Annuität bei 20 Jahren Abschreibung und 8,5% Zinsen = 10,6%	1,20	2,40	1,60	3,20
Einsparung pro m^2 und Jahr				
– Heizöl in Litern	8	8	8	8
– DM	4,80	4,80	4,80	4,80
Kapitalrückfluß in Jahren	2	5	3	6

Kein Zweifel: Ein so gutes Geschäft können Sie nur an wenigen anderen Stellen Ihres Hauses machen! Nutzen Sie also diese Gelegenheit.

Das massive Flachdach

Hierbei handelt es sich um ein „einschaliges" Flachdach, in der Regel ein flaches Stahlbetondach. Die alte, meist unzureichende Wärmedämmschicht liegt unter der Dachpappe. Die Anbringung einer nachträglichen Wärmedämmung ist verhältnismäßig einfach, weil diese als Umkehrdach ausgeführt werden kann. Die Kiesschicht auf dem Dach wird entfernt, auf die vorhandene Dachpappe werden mindestens 8 cm dicke Hartschaumplatten gelegt. Dafür eignen sich aber nur besonders druckfeste und wasserdichte Platten mit glatter Oberfläche. Nach Verlegung der Platten wird der Kies wieder aufgebracht, weil er die Platten vor der intensiven Ultra-Violettbestrahlung durch das Sonnenlicht schützt.
Lassen Sie vorher die Dachhaut auf Schäden untersuchen und diese ausbessern. Das lohnt sich, wenn Ihr Dach schon einige Jahre alt ist.
Diese Arbeiten sollten nur von Fachleuten, d.h. Dachdeckern, ausgeführt werden.
Die nachträgliche Aufbringung von 8 cm starken Hartschaumplatten als „Umkehrdach" einschließlich der dazu notwendigen Nebenarbeiten kostet etwa DM 50,–/m^2. Sie sparen dadurch etwa 8 l je m^2 im Jahr.

Kaltdach oder Warmdach – was ist der Unterschied?

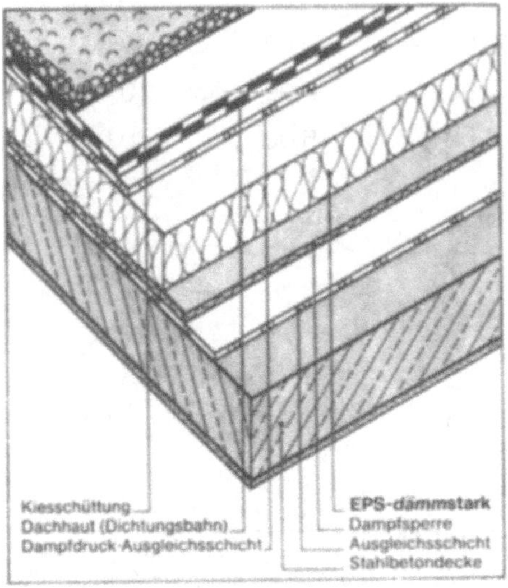

Das Warmdach, die überwiegende Form des Flachdaches, ist ein einschaliges, nicht durchlüftetes Dach. Dachabdichtung, Wärmedämmschicht und Tragkonstruktion bilden eine Einheit.

Das Kaltdach ist eine zweischalige, durchlüftete Dachkonstruktion. Es besteht aus einer oberen Dachschale mit Dachabdichtung, einem belüfteten Zwischenraum und der unterseitigen Schale mit der Wärmedämmung.

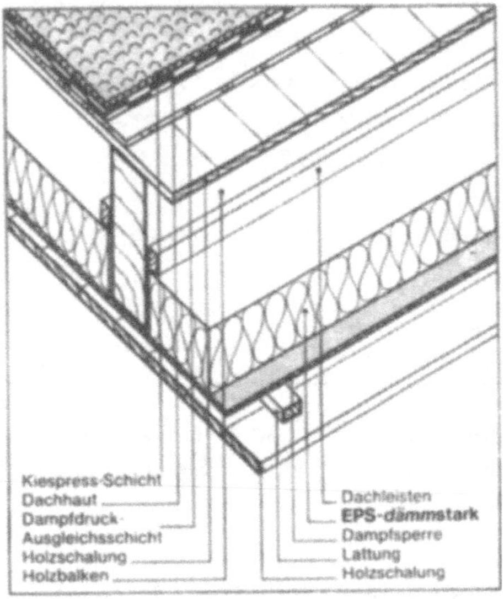

Das „kalte" Flachdach

Das „kalte" Flachdach besteht aus zwei Schalen. Die untere Schale bildet die Decke des Obergeschosses und hat eine Wärmedämmung, die meist aus 3 cm dicken Mineralfasermatten und einem Putzträger für die Decke des Obergeschosses besteht. Darüber ist ein Luftraum, der durch Schlitze am Dachrand und kleine Metallhütchen auf dem Dach entlüftet wird. Diese Entlüftung führt Feuchtigkeit, die aus dem Hausinnern stammt und an der kalten Oberfläche der Wärmedämmung kondensiert, ab. Das Kaltdach ist also ähnlich aufgebaut wie eine „hinterlüftete Fassade". Die obere Schale des Flachdaches besteht aus einer Holzdielenfläche mit einer mehrlagigen Schicht aus Dachpappe. Diese wird durch eine Kiesschicht vor den zerstörerischen UV-Strahlen der Sonne geschützt.

Dämmung der Decke des obersten Geschosses von unten mit Hartschaum- oder Faserplatten.

Es hat keinen Sinn wie beim „Umkehrdach" auf dem Kaltdach eine Lage von Dämmstoff anzubringen. Denn der Zwischenraum zwischen der oberen und unteren Schale wird von Luft durchströmt. Eine Dämmung der oberen Schalung bleibt daher wirkungslos.

Deshalb müssen Sie ein nicht wirksam gedämmtes Kaltdach von unten her dämmen.

Auch bei geneigten Dächern, deren Dachraum nicht zugänglich ist, bleibt nur dieser umständliche und teure Weg.

Da die meisten nach dem Krieg gebauten Eigenheime Geschoßhöhen von nur 2,50 bis 2,60 m haben, müssen Sie mit der Zimmerhöhe knausern.

Wenn das Dach seitlich zugänglich ist, kann es möglich sein, in den Hohlraum zwischen die Balken nachträglich eine Bahn aus 8 oder 10 cm Mineralwolle einzuschieben. Dazu muß die meist aus Holzbrettern bestehende äußere Verblendung des Flachdaches abgenommen werden, so daß der Innenraum des Flachdaches vom Rand her zugänglich wird. Die Dämmstoffbahnen werden von außen in den Hohlraum zwischen den Balken eingebracht. Dazu wird das Vorderteil der Bahn an einem aus einer Dachlatte mit Querbrett hergestellten „Schieber" befestigt und zusammen mit dem Schieber in den Hohlraum geschoben. Der Schieber kann im Hohlraum verbleiben.

Anschließend wird die Verblendung wieder befestigt.

Dieses Verfahren ist aber nur zu empfehlen, wenn der Zwischenraum zwischen den beiden Dachschalen ausreicht, um die zusätzliche Dämmschicht ohne Beschädigung der vorhandenen einzubringen und ohne die zur Entfeuchtung unbedingt erforderliche Luftzirkulation zur Entfeuchtung des Dämmstoffes zu unterbrechen.
Mit dem Einschieben von Dämmstoffbahnen sollten Sie einen Zimmermann oder Dachdecker beauftragen, der im Flachdachbau Erfahrungen hat.
Wenn diese Methode nicht möglich ist, die Raumhöhe im obersten Geschoß aber ausreicht, um etwa 10 cm Höhe zu opfern, dann werden in 80 cm Abstand (oder dem Abstand, der bei Holzkonstruktionen durch die Balkenlage vorgegeben ist) Kanthölzer von 8 x 8 cm aufgeschraubt. Dazwischen werden aluminiumkaschierte Mineralfasermatten angebracht. Die Folie liegt nach unten (Dampfsperre). Über den Kanthölzern werden Gipskartonplatten, Hartfaserplatten oder – wenn ein rustikales Aussehen angestrebt wird – Dielen mit Nut und Feder angebracht. Fugen zwischen den Gipskartonplatten werden mit Gewebeband abgedeckt. Dann können die Platten entweder gestrichen oder tapeziert werden.
Diese Arbeit ist schwierig und sollte nur von geübten Heimwerkern (mit Helfer) durchgeführt werden.

Aber auch dieser Aufwand lohnt sich, wie folgende Richtpreise zeigen:

Wärmedämmung des kalten Flachdaches	Nachträgliches Anbringen von 8 cm Mineralfasern im Hohlraum durch	Dämmung der Obergeschoßdecke mit 8 cm Mineralfasern auf Lattenrost mit Gipskarton und Tapeten durch	
	Handwerker	Handwerker	Heimwerker
Kosten pro m^2	30,00	50,00	20,00
Steuervorteil 25%	7,50	12,50	5,00
Sie investieren	22,50	37,50	15,00
Annuität bei 20 Jahren und 8,5% Zinsen = 10,5%	2,40	4,00	1,60
Einsparung pro m^2 und Jahr			
– Heizöl in Litern	8	8	8
– DM	4,80	4,80	4,80
Kapitalrückfluß in Jahren	5	8	3

Vergessen Sie bei den Arbeiten am Dachboden nicht die Dachausstiegsluke oder die Zugangstreppe zum Speicher! Hier fehlt meist eine Wärmedämmung. Eine Mineralfaser- oder Hartschaumplatte, die von unten an den oberen Deckel der Luke aufgeklebt wird, spart auf diesem „vergessenen Quadratmeter" jährlich 10 Liter Heizöl!

5 Das 1 x 1 der Dämmstoffe

Dämmstoffe (fälschlich auch **Isolier**material genannt) sollen den Wärmedurchgang aufhalten, d.h. möglichst wenig Wärme vom warmen Raum zur kalten Außenluft durch die Wände oder Decken entweichen lassen Die in der warmen Zimmerluft enthaltene Energie fließt immer zu den kalteren Räumen bzw. nach außen. Das läßt sich nicht verhindern; es ist ein physikalisches Gesetz Wir können aber durch Wärmedämmung dafür sorgen, daß dieser Warmestrom so langsam wie möglich durch Mauern, Decken und Fenster fließt und daß außerdem so wenig wie möglich Wärme durch Zugluft (Fensterritzen) oder Strahlung (Heizkörper) entweicht.

Die Wärmedämmungseigenschaften eines Materials sind um so besser, je leichter das Material ist. Eine 80 cm dicke Betonmauer hat einen genau so hohen Dämmwert wie eine Ziegelwand von 30 cm oder eine Hartschaumplatte von 3 cm Dicke. Der oft gehörte Spruch „Fruher baute man die Hauser noch mit dickem Mauerwerk und vergeudete keine Energie", ist schlicht falsch. Dicke Wände dämmen nicht.

Unsere Großeltern haben sich durch warme Unterwasche gegen die Kälte im Zimmer geschützt. Die alten Rittersleut haben in ihren Burgen erbärmlich gefroren!

Die Wärmeleitfahigkeit (Wärmeleitzahl) eines Materials gibt an, welcher Wärmestrom in einer Stunde durch 1 m^2 einer 1 m dicken Schicht dieses Materials hindurchgeht, wenn das Temperaturgefälle 1 Grad beträgt. Die Wärmeleitfähigkeit wird durch die Feuchtigkeit des Materials stark beeintrachtigt: Bei hoher Feuchtigkeit steigt die Wärmeleitfähigkeit, d.h. die Qualität der Wärmedämmung sinkt, im Extremfall wird sie aufgehoben.

Je niedriger die Wärmeleitzahl eines Stoffes, um so besser sind dessen Eignung als Dämmstoff.

Die Wärmeleitfähigkeit wird in kcal/(m · h · °C) gemessen, bei dem neuen gesetzlichen Maßsystem in W/(m K). (Watt/Meter x Kelvin.) In diesem Buch wird mit kcal gerechnet.

Der Wärmedurchlaßwiderstand (Wärmedämmwert) eines Stoffes ist der „Kehrwert" der Wärmeleitfähigkeit. Dieser gibt den Widerstand einer Materialschicht gegen das Durchströmen von Wärme an. Je höher der Wärmedämmwert, um so besser die Eignung als Dämmstoff.

Der Wärmedurchgangskoeffizient (auch k-Wert genannt) bezeichnet den Wärmestrom, der in einer Stunde durch eine Bauteilfläche von 1 m^2 hindurchgeht, wenn der Temperaturunterschied der das Bauteil auf beiden Seiten umgehenden Luft 1 °C beträgt.

Bei der Berechnung des Wärmebedarfs eines Raumes sowie bei der Ermittlung des Spareffekts einer Wärmedämmung ist der k-Wert von ausschlaggebender Bedeutung. Je kleiner der k-Wert, um so besser ist die Wärmedämmung des Bauteiles. Der k-Wert errechnet sich aus der Wärmeleitzahl sowie dem beim Wärmeübergang an der Oberfläche zwischen dem Material und der Luft zusätzlich auftretenden Widerstand. Die k-Werte für verschiedene Bauteile gehen aus umseitig stehender Übersicht hervor, ebenso die durch Wärmedämmung erzielbare Öleinsparung.

Öleinsparung: die durch zusätzliche Wärmedämmung erzielbare Einsparung an Brennstoff (Öl, Gas, Strom, Kohle) hängt von vielerlei Einflüssen ab: der Sonneneinstrahlung auf den Bauteil, der durchschnittlichen Innentemperatur, der Art der Regelung, dem Wirkungsgrad der Heizung, der im Raum erzeugten Fremdwärme u.a.
Bei Wänden und Decken können Sie von einer durchschnittlichen Öleinsparung von 8–10 l/Jahr und m² ausgehen für jede Minderung des k-Wertes um 1,0. Bei durchgehend geheizten Räumen (z.B. Wohnzimmer) und zur Wetterseite gelegenen Wänden ist die Einsparung um etwa 10–20% größer, bei nicht durchgehend geheizten Räumen (z.B. Schlafzimmer) ist sie um etwa 15% niedriger.
Die Übersicht zeigt, daß auch bei wärmetechnisch günstigem Mauerwerk durch Anbringen von Hartschaum erhebliche Öleinsparungen möglich sind.

Übersicht

Wärmedurchgangskoeffizient und Öleinsparung für typische Bauteile in Einfamilienhäusern

k-Wert in kcal/m² h °C

Baustoff und Stärke des Mauerwerks in cm 1)		Mauerwerk ohne Dämmstoff	mit Verbundplatte mit 6 cm Hartschaum
Außenwand			
Lochziegel	24	1,17	0,40
	30	1,03	0,37
Leichtziegel	24	0,93	0,35
	30	0,80	0,34
Kalksand-Lochsteine	24	0,98	0,38
	30	0,96	0,36
Leichtbeton-Hohlblock	24	1,07	0,37
	30	0,94	0,35
Gasbeton-Blockstein	24	0,60	0,29
	30	0,51	0,27
Decke unter Steildach			
Vollbetondecke 2)		2,27	0,47
Rippendecke mit Bimshohlkörpern 2)		1,56	0,43
Holz- oder Kunststoffenster			
mit Einfachverglasung		6,0	
mit Isolierglas		2,6	

Anmerkungen: 1) einschließlich je 2 cm Putz innen und außen
2) einschließlich 2 cm Putz unter der Decke

Der Geheimtip der Ostfriesen

Warum sind in Ostfriesland viele Häuser mit Stroh oder Schilf gedeckt? Weil darin viele kleine Luftkammern enthalten sind. Luft ist der beste Wärmedämmstoff – vorausgesetzt, daß die einzelnen Kammern oder Blasen voneinander getrennt sind, damit die Luft nicht zirkulieren kann. Die modernen Dämmstoffe Hartschaum oder Mineralfasern arbeiten nach dem selben Prinzip. Der am häufigsten verwendete Hartschaum ist das Polystyrol, ein aus Erdöl hergestelltes Produkt, das winzige mit Luft gefüllte Bläschen enthält und sehr leicht ist. Polystyrol hat eine Wärmeleitzahl von 0,041 W/(m k) bzw. 0,035 kcal/(m · h · °C) Polystyrol ist ein Gattungsbegriff. (Styropor ist der Markenname der Firma BASF für das von dieser Firma erzeugte Polystyrol.) Der Grundstoff wird als körniges Produkt an die Verarbeiter geliefert und von diesen zu Platten, Matten und anderen Formen verarbeitet.
Andere Arten von Hartschaumstoffen sind Polyurethan (PUR) und Phenolharz. Auch diese aus Erdöl hergestellten Produkte werden zu Platten aus kleinen, luftumhüllenden Kügelchen verarbeitet. Weil diese Materialien leicht sind und viele kleine Luftbläschen enthalten, haben sie eine außerordentliche gute Dämmwirkung.
Sie sind einfach zu verarbeiten durch Sägen und Schneiden, also sehr „heimwerkerfreundlich". Nur Kleben und Anstreichen ist schwierig, daher sind Spezialkleber erforderlich. Und Hartschäume – besonders Polystyrol – sind gegen viele Lösungsmittel empfindlich. Durch falsche Klebstoffe oder Holzschutzmittel werden sie angegriffen.
Hartschäume sind wasserabstoßend. Die Gefahr, daß durch Feuchtigkeitsaufnahme die Dämmeigenschaft vernichtet wird, ist daher gering. Aber gegen „Schwitzwasser" hilft diese Eigenschaft nicht. Dagegen schützt nur eine Dampfsperre. So vorteilhaft Hartschaumstoffe – besonders das preiswerte Polystyrol – für den energiebewußten Eigenheimbesitzer sind, so problematisch ist deren Brandverhalten. Die DIN 4102 unterscheidet „nicht brennbare Baustoffe" (Klasse A) und brennbare Baustoffe (Klasse B). Brennbare Baustoffe werden weiter unterteilt in schwerentflammbar (B 1), normalentflammbar (B 2) und leicht entflammbar (B 3). Auf dem Etikett der Baustoffe bzw. Packungen ist angegeben, welcher Klasse diese zuzurechnen sind. Fehlende Angaben verweisen auf leichtentflammbares Material. Diese Tatsache wird bei preiswerten Sonderangeboten gerne verschwiegen.
Hartschaumstoffe können durch entsprechende Verarbeitung in den Klassen B 1, B 2 oder B 3 produziert werden. Allerdings sind Polystyrolplatten in B 1-Ausführung bei sonst gleichen Eigenschaften etwa 25% teurer als in B 3-Ausführung.
Bei dem vergleichsweise geringen Preis von Hartschaum sollte Ihnen Ihre Sicherheit diese Prämie aber wert sein!

Die Bauordnungen schränken die Verwendung von Hartschaumplatten der Ausführung B 3 stark ein: Sie müssen stets so geschützt sein, daß sie durch dicht anliegende Baustoffe mit günstigerem Brandverhalten geschützt sind, also z.B. durch eine Gipskarton-, Hartfaser- oder Spanplatte, durch Holzschalung, Mauerwerk oder Putz.

B 3-Dämmstoffplatten dürfen nicht an Luftschichten im Innern des Bauwerkes grenzen. Daher sind sie als Deckenplatten (auch wenn darauf eine Tapete geklebt wird!) oder in „vorgehängten Fassaden" nicht zugelassen. Im Interesse Ihrer eigenen Sicherheit sollten Sie Hartschaumplatten der Klasse B 3 (oder solche ohne Bezeichnung der Brandklasse!) meiden und nur Material der Klasse B 1 oder A verwenden.

Rauchgase können töten!

Eine Eigenschaft, über die Sie in den Prospekten der Hersteller nichts finden, ist das Verhalten von Hartschaumstoffen bei Feuer. Bei Erhitzung entstehen giftige Rauchgase. Wenn nachts eine unachtsam weggeworfene Zigarette einen kleinen Schwelbrand verursacht, der auf den Dämmstoff übergreift, können Sie im Schlaf von den giftigen Dämpfen erstickt werden. Denn Zimmerbrände töten nicht durch die Hitze des Feuers, sondern durch giftige Rauchgase. Schon 1 kg Material kann das ganze Haus in eine tödliche Falle verwandeln.

Diese giftigen Rauchgase entstehen unabhängig davon, ob der Hartschaum zur Klasse B 1, B 2 oder B 3 gehört.*

Auch Mineralfaserfilze haben hervorragende Dämmeigenschaften. Bei ihnen handelt es sich um Geflechte aus Mineralfasern (Steinwolle), unbrennbare, anorganische Stoffe, die weder verrotten noch verbrennen und bei Erhitzung keine giftigen Dämpfe abgeben. Die Wärmedämmung von Mineralwollfilzmatten ist genau so gut wie die von Hartschaumplatten gleicher Dicke.

Als Dampfsperre wird bei einigen Mineralwollmatten eine Aluminiumfolie aufgeklebt (kaschiert).

Unkaschierte Filze sind als „nicht brennbar" (Klasse A) eingestuft. Kaschierte Filze werden (weil die zur Kaschierung verwendeten Klebstoffe brennbar sind) als „schwer entflammbar" eingestuft (B 1), können aber auch in „nicht brennbarer" Ausführung geliefert werden. Hinsichtlich der Sicherheit bei Brand sind Mineralfasermatten und Platten den Hartschaumplatten vorzuziehen. Sie sollten auch verwendet werden, wenn ölige oder fettige Flüssigkeiten oder Lösungsmittel in den Dämmstoff eindringen können, z.B. zwischen Dachsparren, die mit Holzschutzmitteln imprägniert werden müssen.

Die Aluminiumkaschierung bietet immer dort einen sicheren Schutz gegen Schwitzwasser, wo der Taupunkt wegen des Temperaturverlaufs im Dämmstoff auftreten könnte. Denn Schwitzwasser durchfeuchtet den Dämmstoff und senkt bzw. zerstört daher dessen Wärmedämmfähigkeit. Es kann außerdem zu Fäulnis und anderen Bauschäden führen.

* Allerdings sind Schwelbrände auch ohne Hartschaum gefährlich: Teppiche, Polsterbezüge, Matratzen und Decken erzeugen ebenfalls große Mengen giftiger Rauchgase.
Sie können sich vor der Rauchgasgefahr schützen: Es gibt heute batteriebetriebene „Heim-Rauchmelder", die mittels einer kleinen Elektronik schon die geringste Rauchentwicklung wahrnehmen und die Hausbewohner durch einen lauten Hupton warnen. Diese Rauchmelder können Sie vor Ihrem Schlafzimmer an der Wand oder Decke befestigen.

Kleine Klimakunde

Was macht einen Raum behaglich? Welche Voraussetzungen muß die Heizungsanlage bieten, damit wir behaglich wohnen? Wie können wir durch Wärmedämmung die Behaglichkeit erhöhen?

Ob Sie sich in Ihrem Zimmer behaglich fühlen oder nicht, hängt von subjektiven und objektiven Faktoren ab. Ärger oder Müdigkeit tragen z.B. nicht zum Wohlbefinden bei. Aber wie steht es mit den objektiven Gegebenheiten? Wir können folgende Faktoren unterscheiden:

- Lufttemperatur im Raum: Diese sollte zwischen 20 und 22 °C liegen, in Kopfhöhe etwas kühler, in Fußhöhe etwas höher. Männer fühlen sich meist bei einer Temperatur von 18 °C am wohlsten, Frauen bei 21 °C.
- Luftfeuchtigkeit: Diese sollte 50–60% betragen. Wenn die relative Feuchtigkeit in diesem Bereich liegt, dann tritt das Behaglichkeitsgefühl bereits bei um 1–2 °C niedrigeren Temperaturen ein als im Bereich um 30–40%. Sie können also die Raumtemperatur um 1–2 °C senken und dadurch 5–10% Energie sparen – ohne irgendeinen Verlust an Behaglichkeit.
- Zugluft: Die Luftumwälzung im Raum läßt sich niemals ganz verhindern, weil die Luft als Folge der Thermik immer in Bewegung ist. Die Luftgeschwindigkeit darf 0,3 m/s nicht überschreiten. Daher trägt die Abdichtung von Fenstern und Türen nicht nur zum Energiesparen bei, sondern erhöht auch die Behaglichkeit.
- Die Temperatur an der inneren Oberfläche der Wände sollte nicht unter 18 °C liegen, denn sonst strahlt der Körper zuviel Energie auf die kalte Wand ab, und dieser Strahlungsverlust wird als unbehaglich empfunden.

  Wenn wir die Wände von innen dämmen, erhöhen wir die Temperatur an der Oberfläche erheblich und fördern somit das Behaglichkeitsgefühl. Dies geschieht auch, wenn wir Isolierglasfenster einsetzen, weil die Temperatur an der Innenschicht wesentlich höher ist als bei Einfachverglasung.

Die Wärmedämmung senkt also nicht nur den Energieverbrauch, sondern erhöht auch die Behaglichkeit.

Oft wird eingewandt, daß die Wärmedämmung den Raum „nicht mehr atmen läßt". Was stimmt daran?

Der Mensch braucht beim Liegen, Sitzen oder Stehen stündlich etwa 0,5 m^3 Luft zum Atmen. Ein Zimmer mit 30 m^2 und 2,50 m Höhe = 75 m^3 enthält also für 150 Stunden Luft. Die Raumluft wird etwa zwei- bis dreimal je Stunde ausgetauscht. Dieser Luftaustausch erfolgt durch die vielen kleinen Undichtigkeiten in Fenstern und Türen. Er bleibt auch ausreichend erhalten, wenn Sie Türen und Fenster durch Gummi- oder Silicondichtungsstreifen abdichten. „Luftdicht" werden Fenster und Türen nie. Nur wenn Sie für Hochhäuser mit Klimaanlagen konstruierte Fenster und Türen mit speziellen Dichtungen verwenden, könnte der natürliche Luftwechsel im Wohnraum unter das notwendige Maß absinken. Aber diese Fenster werden im normalen Wohnungsbau nicht verwendet.

Und wie ist es mit der „Atmung" der Feuchtigkeit?
Der Mensch atmet stündlich etwa 50 g Feuchtigkeit aus. Zwei Personen in einem Schlafzimmer erzeugen in 8 Stunden also 0,8 Liter.
Die Vorstellung, daß die Klimatisierung des Raumes dadurch bewerkstelligt wird, daß die Wände dampfdurchlässig sind, ist aber falsch. Der Wasserdampfaustausch zwischen Raumluft und Außenluft, z.B. durch eine Massivwand oder eine Massivdecke hindurch, ist so klein, daß er das Raumklima gar nicht beeinflussen kann. Eine Verschlechterung durch Dampfsperren oder Dämmstoffe ist daher nicht möglich. Wichtig besonders für Schlafräume ist aber die oberflächige Atmungsfähigkeit, d.h. die Saugfähigkeit und vorübergehende Speicherfähigkeit der Wandoberfläche (Putz, Tapeten, aber auch Vorhänge, Fußbodenbeläge) sowie der Feuchtigkeitsaustausch mit der Raumluft.
Die vom Menschen im Zimmer ausgeatmete Feuchtigkeit geht nämlich nicht durch die Wände hindurch, sondern dringt mit dem Luftwechsel nach außen. Bei fest verschlossenen Schlafräumen spielt die Absorption durch saugfähiges Wandmaterial eine Rolle, das die Feuchtigkeit aufsaugt. Bei einem Schlafzimmer von 20 m^2 beträgt die „absorptionsaktive" Oberfläche von Wänden, Decke und Fußböden etwa 70 m^2. Diese Fläche kann vorübergehend insgesamt bis zu 1,5 l Feuchtigkeit speichern, um sie am nächsten Tag wieder an die Raumluft abzugeben. Von dort geht die Feuchtigkeit durch den Luftaustausch wieder nach außen. Wenn wir Wärmedämmung anbringen, brauchen wir uns also keine Sorgen darüber zu machen, daß wir die Atmung des Raumes zerstören.

Temperaturverlauf durch eine ungedämmte und eine gedämmte Wand

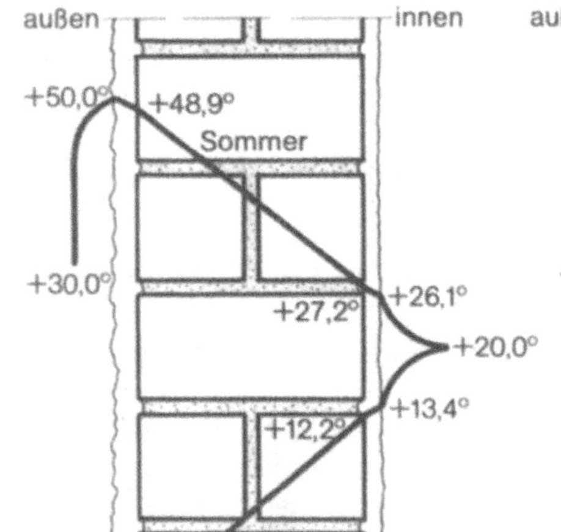

Ohne Dammung sind die Außenwande innen im Sommer warm und im Winter kalt

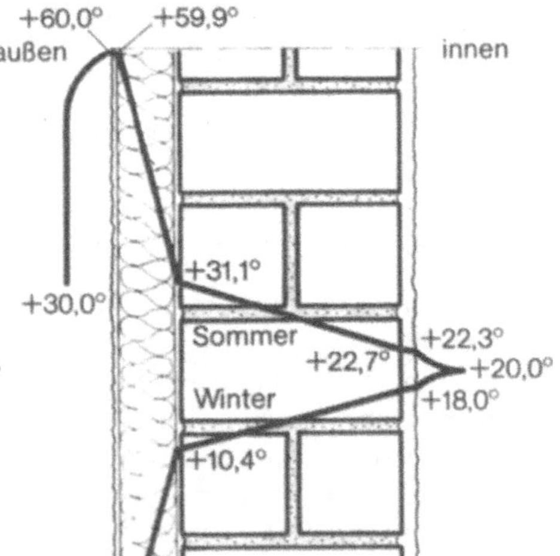

Eine 60 mm Außendammung mit **EPS-*dämmstark*** erhoht meßbar die Behaglichkeit und verhindert Bauschäden

Schwitzwasser vermeiden – Dampfsperre einbauen!

Die Luft im Raum enthält Feuchtigkeit. Je wärmer die Luft, um so mehr Wasserdampf kann 1 Kubikmeter Luft aufnehmen:
Bei 20 °C ist sie bei 17 g Wasser/m^3 gesättigt, bei 10 °C tritt die Sättigung schon bei 9 g Wasser/m^3 Luft ein. Die überschüssigen 8 g werden als Tröpfchen ausgeschieden, und zwar an der Stelle, an der der Taupunkt – Temperatur, an der die Sättigungsgrenze der Luft überschritten wird – erreicht wird. Das kann eine Zimmerecke sein, wo zwei kalte Wände zusammenstoßen, ebenso ein schlecht gedämmter Betonsturz. Dort bildet sich an der Wandoberfläche Kondenswasser als feuchter, dünner Film; später entwickelt sich Schimmel an Anstrich und Tapete, der Putz zerfällt: der Beginn eines Bauschadens, der sich durch Wärmedämmung von innen beseitigen läßt.
Luft mit Wasserdampf dringt auch in die Wärmedämmung ein. Denn diese ist niemals völlig luftdicht. Ist es draußen kalt und drinnen warm, dann bildet sich in der Wand ein Temperaturgefälle von innen nach außen. Und wenn auf diesem Temperaturgefälle der Taupunkt des Wasserdampfes erreicht wird, bildet sich Schwitzwasser in der Wand oder im Dämmstoff. Ist die Wand genügend dampfdurchlässig, dann kann diese Feuchtigkeit später entweichen. Ist das nicht der Fall, dann wird der Dämmstoff durchfeuchtet und verliert seine wärmedämmende Wirkung.

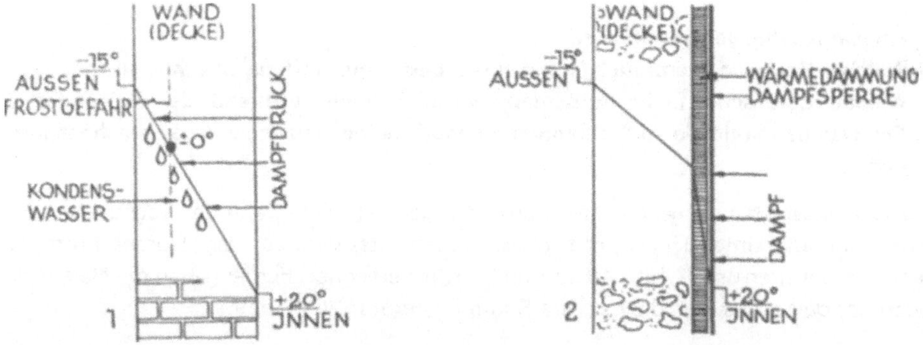

Die Dampfsperre verhindert die Bildung von Kondenswasser im Dämmstoff.

Das Anbringen von Dämmstoff an der Innenseite einer Wand kann zur Folge haben, daß der Taupunkt, der vorher im wasserundurchlässigen oder im äußeren Teil der Wand lag, nach innen wandert. Dann ist der Dämmstoff gefährdet. Eine Dampfsperre muß dann verhindern, daß überhaupt Wasserdampf mit der Luft von innen eindringen kann. Gute Dampfsperren sind z.B. Aluminiumfolien, Kunststoff-Folien oder mit Bitumen getränkte Spezialpapiere. Vinyltapeten haben eine niedrige Dampfdruchlässigkeit und

dienen daher höchstens als Dampfbremse, die nur soviel Feuchte durchläßt als nach außen entweichen kann. Mineralfaserfilze, die in schwitzwassergefährdeten Bereichen angebracht werden, sollten daher immer mit einer aufkaschierten Aluminiumfolie verarbeitet werden. Diese Folie muß immer zur warmen Seite, d.h. nach innen zeigen.
Schwitzwassergefahr besteht in der Regel nicht, wenn Sie die Wände von Wohn- oder Schlafräumen mit Dämmstoff von innen verkleiden. Denn diese Räume haben meist eine zu geringe Feuchtigkeit. Aber in Küchen, Bädern, WC und Schwimmbädern sollten Sie immer eine Dampfsperre anbringen, ebenfalls bei der Dämmung von Flachdächern von innen.
Ferner ist bei der Dämmung von Betonwänden auf der Raumseite (Kellerwände) stets eine Dampfsperre erforderlich.
Wenn Sie beim Lüften kalte Außenluft in das Zimmer lassen, spielt sich der Vorgang in umgekehrter Richtung ab: durch das Erwärmen steigt die Fähigkeit der Luft, Feuchtigkeit aufzunehmen, aber ohne daß ihr sofort Wasser zugeführt wird: die relative Luftfeuchtigkeit nimmt also ab, die erwärmte Luft ist jetzt zu trocken.

Das Außenklima

Auch der Heizungsfachmann spricht vom Wetter. Er interessiert sich für folgende Fragen:

- **Ab wann sollte geheizt werden?**
- **Welcher Brennstoffverbrauch ist bei einem bestimmten Klima zu erwarten?**
- **Welche durchschnittliche Außentemperatur herrscht während der Heizperiode?**
- **Für welche maximale Außentemperatur muß meine Heizungsanlage berechnet werden?**

Die Heizungsfachleute gehen davon aus, daß geheizt wird, wenn das Tagesmittel der Lufttemperatur unter 15 °C sinkt. Dieses Tagesmittel wird aus dem Durchschnitt der Lufttemperaturen um 7 Uhr, 14 Uhr und 21 Uhr berechnet. Ferner gehen die Heizungstechniker davon aus, daß die mittlere Raumtemperatur 20 °C beträgt.

Wie kalt war der Winter?

Um zu ermitteln, wie kalt ein Winter ist, wurde der Begriff „Gradzahltage" geschaffen: die Zahl der Heiztage multipliziert mit der Differenz aus 20° und der tatsächlich täglich aufgetretenen mittleren Außenlufttemperatur. Ein Tag mit einer Außenlufttemperatur von +10 °C entspricht also 10 Gradzahltagen, einer mit −10 °C 30 Gradzahltagen. Mit dieser Meßzahl ist es möglich, den Brennstoffverbrauch für eine bestimmte Gegend oder auch für einen bestimmten Winter zu ermitteln bzw. zu vergleichen. Im zwanzig-

jährigen Durchschnitt 1951–1971 wurden in Frankfurt 242 Heiztage und 3 387 Gradzahltage gemessen. Die mittlere Lufttemperatur aller Heiztage betrug also 6 °C. Hannover hat den längsten Winter, München den kaltesten.
Der Winter 1978/1979 brachte den Frankfurtern 3 788 Gradzahltage. Ein Eigenheimbesitzer hatte also einen um 12% uber seinem langjährigen Durchschnitt liegenden Ölverbrauch.
Heizungsanlagen sollten einer Außentemperatur gewachsen sein, die der in den letzten 10 Jahren an zwei ubergreifenden Tagen 10 mal unterschrittenen Temperatur entspricht. Diese Berechnungstemperatur betragt in Frankfurt –10 °C, in München –16 °C und in Hamburg –11 °C.
Die Übersicht zeigt fur einige deutsche Städte den zwanzigjährigen Durchschnitt der Heiztage, der Gradzahltage und die mittlere Lufttemperatur aller Heiztage. Ferner die im Winter 1978/79 erreichten Gradzahltage. Diese Werte sind für die Berechnung der durch Wärmedammung moglichen Energieeinsparung und für den Vergleich des Brennstoffverbrauchs in milden und kalten Wintern von Bedeutung.
Die im letzten Winter in Ihrem Ort gemessenen Gradzahltage erfahren Sie vom nächstgelegenen Wetteramt. Oder Sie entnehmen diese Werte der VDI-Fachzeitschrift „Heizung-Lüftung-Haustechnik", die in vielen Bibliotheken ausliegt.

Das Klima in einigen deutschen Stadten

	20jahriger Durchschnitt 1951–71			Winter 1978/79
	Heiztage	Gradzahltage	mittl. Lufttemp.	Gradzahltage
Hamburg	257	3 724	5.5	3 997
Hannover	257	3 782	5.3	4 024
Essen	249	3 470	6.1	3 788
Frankfurt	242	3 387	6.0	3 788
Nürnberg	254	3 916	4.6	4 147
Stuttgart	244	3 434	6.0	3 565
Augsburg	255	3 985	4.4	4 011
München	255	4 046	4.1	4 118

Die in der Tabelle gezeigte Zahl der Heiztage entspricht einem sehr hohen Heizkomfort. Ohne „abgehärtet" zu sein ist es meist möglich, mit etwa 20–30 weniger Heiztagen auszukommen, d.h. in der Übergangszeit noch 3–4 Wochen auf die Benutzung der Zentralheizung zu verzichten.

6 Ihre Ölheizung – ein sparsamer Ölverbraucher?

Ihre Öl-Zentralheizung soll die im Brennstoff enthaltene chemische Energie in Wärme umsetzen und diese als warmes Wasser den Heizkörpern in den Räumen zuleiten. Außerdem soll sie (wenn es sich um einen „Kombikessel" handelt) warmes Wasser für die Küche, zum Waschen, Duschen und Baden erzeugen. Die Heizung sollte möglichst wenig Energie verschwenden, d.h. einen möglichst hohen Wirkungsgrad haben.
Aber bei jeder Verbrennung und Umwandlung von einer Energieform in eine andere entstehen, als Folge eines physikalischen Gesetzes, Verluste. Aber nicht alle Verluste sind vermeidbar. Manche können mit wirtschaftlich vertretbarem Aufwand wesentlich verringert werden.
Wie funktioniert die Heizungsanlage, wo treten Energieverluste auf und wie können Sie diese vermeiden?
Das Heizöl wird in einem Brenner durch eine Düse mit sehr kleiner Öffnung unter hohem Druck zerstäubt und verbrannt. Die Ölflamme wird in eine Brennkammer, die heißen Verbrennungsgase werden anschließend durch Rauchzüge geleitet. Brennkammer und Rauchzüge sind von Wasser umgeben, so daß die Gase ihre Energie an dieses Wasser abgeben. Dieses Kesselwasser wird im Kessel gespeichert und bei Bedarf mit Hilfe einer Umwälzpumpe den Heizkörpern zugeleitet. Der Kessel enthält je nach Größe 70–150 l Kesselwasser und kann damit eine gewisse Menge an Wärme speichern. Diese Wärme kann er an die Heizkörper abgeben, auch wenn der Brenner nicht in Betrieb ist.
Der Heizkessel wird durch mehrere Thermostate und automatische Sicherungen überwacht und geregelt;
Ein Hochspannungsfunke zündet den aus der Düse des Brenners heraustretenden Ölnebel. Eine Fotozelle stoppt die Pumpe im Brenner, falls die Flamme erlischt.

Energieverluste bei einer Ölheizung

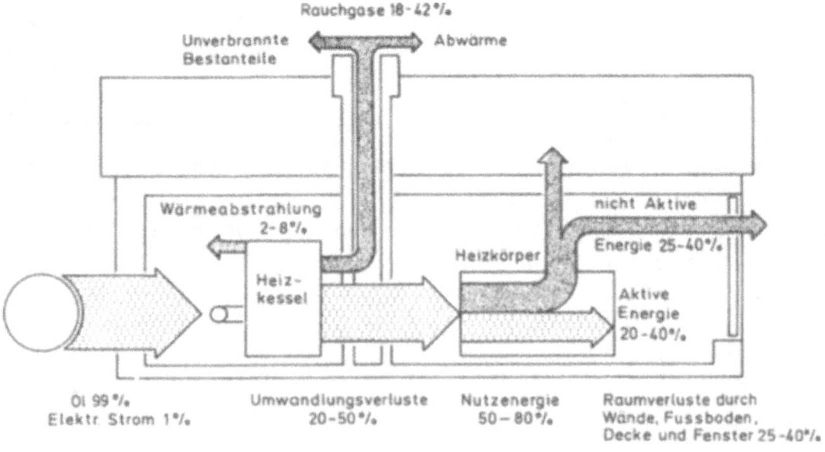

Übersicht

Umwandlungsverluste beim Betrieb einer Öl-Zentralheizung

Ursache	wird festgestellt durch:	Wirkungsgrad-Verlust (%)	Gegenmaßnahmen bei vorhandener Heizungsanlage
Unvollständige Verbrennung des Heizöls	Rußzahl	1– 5	Brenner einstellen. Neue Düse
Rußbildung an Kesselwand	Rauchgastemperatur	1– 8	Kessel reinigen, Brenner überprüfen
Abgasverluste durch zu hohe Abgastemperatur oder Luftüberschuß	Rauchgastemperatur und CO_2-Gehalt	9–20	Brenner einstellen, Kessel reinigen
Anlauf- und Stillstands-Verluste	–	6–10	kleinstmögliche Brennerdüse. **Zugbegrenzer** in Kamin. Rauchgasklappe
Leitungsverluste in Vor- und Rücklauf	–	2– 5	Rohrleitungen dämmen
Kesselabstrahlung	Temperatur in Kesselraum	1– 2	Mineralfasermatten unter Kesselverkleidung anbringen
Umwandlungsverluste insgesamt		20–50	

Anmerkungen: Umwandlungsverluste von 20% (= Jahreswirkungsgrad von 80%) sind auch bei modernen Kesseln bei guter Wartung aus technischen Gründen unvermeidbar. Gut gewartete Anlagen der Baujahre 1970 bis 1975 erreichen in der Praxis einen Jahreswirkungsgrad von 65–70%. Ältere Kessel und Brenner der Baujahre vor 1969 erreichen auch bei guter Wartung einen Jahreswirkungsgrad von nur etwa 65%. Bei schlechter Wartung oft nur von 50%.
In den meisten Fällen empfiehlt sich der Ersatz von Kesseln und Brennern der Baujahre vor 1970 durch einen modernen Spezial-Kombikessel mit separat geregeltem Warmwasserboiler, Mischventil mit Motorregelung und Nachtabschaltung. Die hierdurch mögliche Wirkungsgradverbesserung von etwa 65% auf 80% spart bei einem Einfamilienhaus etwa 1.200 l Heizöl = DM 720,–/Jahr.
Wenn die Möglichkeit der Erdgasversorgung besteht, sollte vorher geprüft werden, ob die Gasheizung Kostenvorteile bringt.

Dadurch wird verhindert, daß unverbrannter Öl-Luftnebel in die Brennkammer gerät und dort verpufft.
Thermostate wachen darüber, daß die eingestellte Mindesttemperatur des Kesselwassers nicht unterschritten und die „Gefahrenzone" von 100 °C, wenn Wasser zu Dampf wird, nicht überschritten wird. Kurzum: Moderne Heizungskessel und Brenner sind ein Wunderwerk moderner Sicherheitstechnik. Und der Brenner läuft und läuft und läuft . . . 1 700 Stunden pro Jahr, mehr als 10 Jahre lang.
Die Kesselthermostate sorgen dafür, daß der Kessel immer genügend heißes Wasser hat, um Ihre Heizkörper zu versorgen und Ihnen in Küche und Bad warmes Wasser zu geben. Wird die eingestellte Temperatur im Kessel unterschritten, dann schaltet automatisch der Brenner ein. Er schaltet ab, sobald die oberere Temperaturgrenze wieder erreicht ist. Der Brenner regelt also den Kessel immer nach dem System „an-ab"

Die Ursachen von Umwandlungsverlusten

Wo treten Energieverluste auf und wie lassen sich diese vermeiden? Die **nebenstehende Übersicht** zeigt die wichtigsten Verlustquellen.
Je nach der Güte des Brenners und des Heizkessels, dem Zustand von Brenner, Brennraum und Rauchgasrohren gehen zwischen 20 und 50% verloren. Der Rest ist als Heizwärme nutzbar und wird als warmes Wasser den Heizkörpern zugeführt. Aber auch von diesem Rest kann durch unsachgemäße Bedienung oder schlechte Regelungsanlagen noch ein erheblicher Teil verschwendet werden.
Die Frage der energiesparenden Regelung, die über den wirtschaftlichen Einsatz der „Netto-Energie" des Kessels entscheidet, wird im anschließenden Abschnitt behandelt.
Wie lassen sich die Energieverluste im Kessel selber vermindern?

Kampf den Energieverlusten!

Eine bessere Zerstäubung oder Verbrennung des Öls wird durch bessere Einregulierung des Brenners bzw. Einsatz einer neuen Brennerdüse erreicht. Dieser sollte jährlich einmal erfolgen.
Das Emissionsschutzgesetz aus dem Jahre 1978 verpflichtet den Schornsteinfeger, den Wirkungsgrad des Heizkessels einmal jährlich zu prüfen.
Vergessen Sie aber nicht: Der Schornsteinfeger mißt nur die Abgasverluste. Andere Verlustquellen, wie z.B. durch eine zu große Brennerdüse verursachte überhöhte Stillstandsverluste, Abstrahlung der Rohrleitung, unwirtschaftliche Heizungsregelung, nicht temperaturgesteuerte Warmwasserboiler usw. werden von seinen Messungen nicht erfaßt.
Sie müssen diese Leistung des Schornsteinfegers bezahlen. Nutzen Sie also diesen „Gestundheitstest" Ihrer Heizungsanlage und lassen Sie feststellen, ob die Meßwerte eine

gute, mäßige oder schlechte Brennstoffausnutzung anzeigen. Fragen Sie den Schornsteinfeger, welche Verbesserungen an Ihrem Kessel oder Brenner vorgenommen werden müssen; er ist Fachmann und wird Ihnen auch raten können, ob die erwünschten Verbesserungen z.B. durch Wartungsarbeiten, durch den Einbau eines Zugluftbegrenzers oder nur durch den Kauf eines neuen wirtschaftlicheren Kessels erzielt werden können.

Der Abgas-Wirkungsgrad

Die Verordnung über Feuerungsanlagen verlangt die Einhaltung bestimmter Abgas-Wirkungsgrade. Für bis zum 31. Dezember 1978 installierte Zentralheizungen werden zwar Abgasverluste bis zu 18% zugelassen. Sie sollten aber diese ,,Narrenfreiheit'', die zu Lasten Ihres Geldbeutels geht, nicht ausschöpfen und als Ziel einen Abgasverlust von 12% oder weniger setzen.
Oft kommt der Schornsteinfeger – weil er nicht alle Kunden im Herbst bedienen kann – erst gegen Ende der Heizperiode zum Emissionstest. Dann haben Sie schon den größten Teil Ihres Jahresverbrauches verheizt. Daher sollten Sie den Brenner vom Fachmann möglichst zu Beginn der Heizperiode prüfen und einstellen lassen, bevor unnötige Verluste auftreten.
Manchmal nehmen sich der Schornsteinfeger oder Installateur beim Messen der Abgastemperatur nicht genügend Zeit, bis der Kessel die eingestellte Vorlauftemperatur erreicht. Die Rauchgastemperatur wird zu niedrig angezeigt, der daraufhin errechnete Kesselwirkungsgrad ist zu günstig. unbemerkt vergeuden Sie teuren Brennstoff. Achten Sie deshalb darauf, daß die Temperatur mit der notwendigen Sorgfalt gemessen wird: es geht um Ihr Geld!

Beurteilung der Meßwerte für Ölheizungen

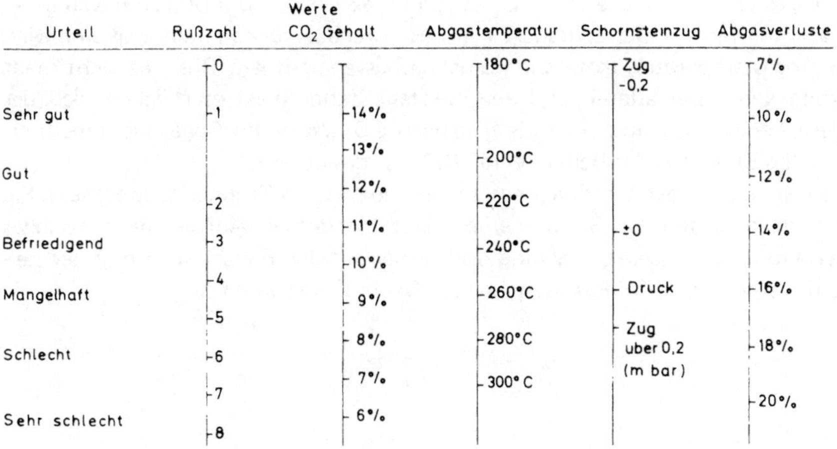

Verdienen Sie DM 480,-- pro Stunde?

Rußbildung an den Kesselwänden ist meist die Folge eines unsauber eingestellten Brenners. Aber auch im normalen Betrieb bildet sich Ruß im Kessel. Dieser bremst den Wärmeübergang von den heißen Verbrennungsgasen an das Kesselwasser. Die Folge: Statt das Kesselwasser zu erwärmen, steigt die Temperatur des Abgases, und die Energie geht zum Schornstein hinaus. Eine nur 2 mm dicke Rußschicht in der Brennkammer und in den Rauchgaszügen erhöht den Ölverbrauch um 8% = 400 l Jahr = DM 240,–. Da lohnt es sich, den Kessel mindestens einmal jährlich vom Fachmann reinigen zu lassen. Und es lohnt sich auch, sich diesen Vorgang erklären zu lassen um selber zur „Halbzeit" mitten im Winter mit Bürste und Staubsauger den Kessel nochmals zu reinigen. Eine Kaminbürste können Sie für DM 30,– im Sanitär- oder Heizungsfachgeschäft kaufen. Gönnen Sie sich das Gefühl eines „Stundenverdienstes" von DM 480,–. Denn die Reinigung des Kessels dauert nur eine halbe Stunde!

Eine gute Brennereinstellung verhindert auch eine weitere Verlustquelle: unnötig viel Luft zur Verbrennung des Öls. Denn diese Überschußluft wird nicht zur Verbrennung benötigt, schluckt aber Energie, weil sie auf die hohe Abgastemperatur erhitzt wird.

Luftüberschuß erkennen Sie an einem zu geringen CO_2-Gehalt des Abgases. Das kann an einer falschen Brennereinstellung liegen, einem zu starken Schornsteinzug oder an undichten Stellen in gußeisernen Gliederkesseln.

Der Schornsteinzug kann durch eine Zugbegrenzerklappe, deren Einbau etwa DM 150,– kostet, verbessert werden. Undichte Gliederkessel lassen sich mit Kesselkitt abdichten.

Unnötig hohe Abgastemperaturen können also ein Symptom für schlechte Brennereinstellung, Rußablagerung oder einer zu großen Brennerdüse sein.

Die Abgastemperatur am Schornstein sollte 180 °C nicht unterschreiten, denn sonst kondensiert das im Abgas gebundene Wasser und bildet zusammen mit den im Öl enthaltenen Schwefelrückständen aggressive Säuren, die im Kessel Korrosion und im Kamin Versottungen hervorrufen.

Aber jede Abgastemperatur über 180 °C bedeutet, daß Energie unnötig zum Kamin hinausgeht. Bei Heizkesseln älterer Bauart kann es durchaus vorkommen, daß eine wirtschaftliche Abgastemperatur trotz aller Einstellungsversuche am Brenner nicht mehr erzielt werden kann. Bei älteren und abgenutzten Brennern ist es möglich, daß der Brenner diese Temperatur und auch die günstigen CO_2-Werte im Abgas nicht mehr erreicht. Bei vielen Brennern der Baujahre vor 1970 ist das der Fall.

Dann sollten Sie nicht überstürzt handeln, indem Sie nur den Brenner auswechseln. Sie sollten stattdessen prüfen, ob Sie mit einer neuen modernen Anlage mit rationeller Warmwasserbereitung, besserer Regelung und besser auf den Bedarf abgestimmter Leistung trotz höherer Anschaffungskosten auf die Dauer Geld sparen.

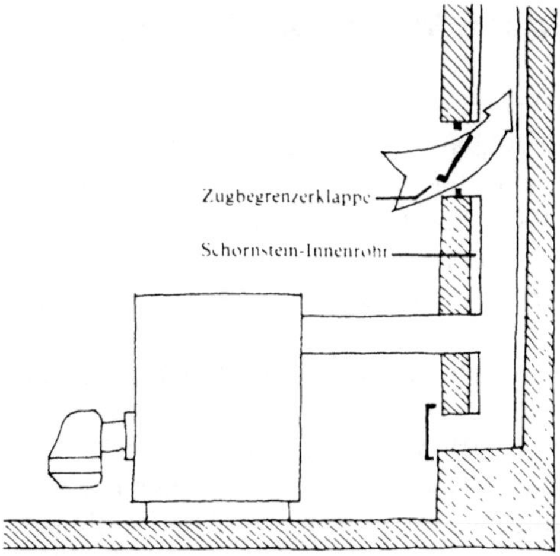

Eine Zugbegrenzerklappe verhindert zu hohen Schornsteinzug.

Beachten Sie die bei öffentlichen Zuschüssen geforderte Mindestinvestition von DM 4 000,–. Durch Kauf eines Brenners erlangen Sie keinen Anspruch auf diese 25%, denn er kostet einschließlich Installation nur etwa DM 1 200,–. Wohl aber, wenn Sie den gesamten Heizkessel durch einen Kessel mit besserem Wirkungsgrad und kleinerer Leistung ersetzen! Allerdings berechtigt dies nicht zur steuerlichen Abschreibung.
Daß bei den meisten Eigenheimen durch bessere Einstellung des Brenners sowie bessere Wartung und Reinigung der Heizkessel erhebliche Einsparungen möglich sind, beweist das Resultat einer 1977 im Auftrag der Bundesregierung durchgeführten Stichprobenuntersuchung: Die Heizkessel in über 42% aller Eigenheime verursachten Abgasverluste, die über der durch das Energie-Einsparungsgesetz vorgeschriebenen Höchstgrenze von 17% lagen! Und diese Höchstwerte liegen wesentlich über den Werten, die sich bei modernen und gut gewarteten Anlagen erzielen lassen. Dieser optimale Abgasverlust beträgt 8–12%. Der Unterschied im Heizölverbrauch zwischen diesem „Optimalwert" und den bei vielen Heizungsanlagen tatsächlich erzielten Wert von 16–18% beträgt 7%. Diese Untersuchungsergebnisse zeigen, daß Sie in Ihrem Eigenheim durch gute Wartung von Heizkessel und Brenner im Durchschnitt etwa 7% des Heizölverbrauchs, d.h. 350 l pro Jahr = DM 210,– ohne jeglichen Komfortverlust sparen können, und zwar ohne die durch bessere Regelungen (Nachtabsenkung, Thermostat-Einzelregelung) zusätzlich möglichen Einsparungen.

Stillstands- und Anlaufverluste lassen sich senken!

Der Heizkessel wird nur an wenigen Tagen im Jahr mit seiner vollen Leistung benutzt, denn die Kapazität der Heizungsanlage ist für Außentemperaturen von $-10°$ bis -15 °C unter der Voraussetzung berechnet, daß alle heizbaren Räume auch tatsächlich an diesen kältesten Tagen voll beheizt werden. Dieser Fall tritt in der Praxis selten ein. Bei den meisten Einfamilienhäusern (und auch bei anderen Bauten) begingen die Heizungsplaner noch eine gravierende „Energie-Verschwendungssünde": Kessel und Brenner wurden überdimensioniert.
Das Ergebnis: Es ist durchaus nicht ungewöhnlich, daß in Ihrem Eigenheim bei einem maximalen Wärmebedarf (bei -10 °C, alle Räume voll beheizt!) von 20 000 kcal/h eine Brenner- und Kesselleistung von 50 000 kcal/h installiert wurde. Früher, in der „guten alten Zeit", als das Heizöl noch DM 0,12/l kostete, war das nicht schlimm. Denn ein größerer Heizkessel war kaum teurer als ein kleinerer, und der unnötige Öl-Mehrverbrauch fiel früher kaum ins Gewicht. Das ist jetzt aber, bei einem Ölpreis von DM 0,60/l, anders.

Der Heizkessel wird zum „Kühler"

Der Brenner einer Zentralheizung wird nach dem Prinzip „Ein-Aus" dem Wärmebedarf des Heizkessels angepaßt. Nur die Regelung zwischen Kessel und Heizkörpern erfolgt stetig, d.h. durch Abgabe von mehr oder weniger warmen Wasser aus dem Kessel in die Vorlaufleitung.
Jedes Ein- und Abschalten des Brenners ist aber mit erheblichen Energieverlusten verbunden:

- Der Kessel ist kalt und muß aufgeheizt werden, bevor er das Kesselwasser selber erwärmen kann.
- Wenn dann der Kessel warm ist und der Brenner abgeschaltet wird, saugt der Schornstein kalte Luft durch den Brennraum. Der Kessel wird von innen ausgekühlt, ebenso das Kesselwasser. Abgeschaltet verwandelt sich der „Heizkessel" in einen „Kühler".

Das Ein- und Abschalten des Brenners zur Regelung der Wärmezufuhr läßt sich nicht vermeiden, denn der Brenner muß auf einen bestimmten Maximalbedarf (für kalte Wintertage) ausgelegt sein.
Die tiefste Temperatur während der gesamten Heizperiode beträgt -15 °C, aber Sie wollen auch bei $+15$ °C Außentemperatur schon heizen. Der Brenner muß also einen Bedarf zwischen 100% (tiefste Temperatur) und 15% (mildes Wetter) seiner Leistung befriedigen können. Je stetiger und länger der Brenner läuft, um so geringer sind die durch Aufheizen und Abkühlung des Kessels verursachten Stillstandsverluste.
Wir müssen also vermeiden, einen unnötig großen Brenner einzubauen.

Bei guter Abstimmung der Maximalleistung des Brenners auf den Maximalbedarf des Hauses läuft der Brenner 1 700 bis 2 000 Stunden während der Heizperiode. (Bei 250 Heiztagen im Jahr beträgt die Heizperiode 6 000 Stunden, der Brenner läuft also im günstigsten Fall nur 33% der Zeit.)
Ist aber der Brenner zu groß, dann läuft er wesentlich kürzer, z.B. nur 1 200 Vollbenutzungsstunden, also nur 20% der Gesamtzeit. Das heißt aber: Der Brenner schaltet häufiger ein und ab, die Energieverluste während der häufigeren und insgesamt längeren Stillstandzeit sind höher. Das ist besonders bei älteren Kesseltypen mit Schamotteauskleidung der Fall, weil diese viel Wärme speichert.

Kleiner Brenner – ganz groß

Die einfachste Methode, die Zahl der Vollbenutzungsstunden des Brenners zu erhöhen, ist die Verwendung einer kleineren Düse im Brenner; denn die Leistung des Brenners hängt von der Größe der Düse ab.
Beauftragen Sie Ihren Heizungsfachmann, bei der nächsten Wartung eine kleinere Düse einzubauen. Der Einsatz einer neuen Düse kostet – wenn es zusammen mit dem Wartungsdienst gemacht wird – etwa DM 20,–.
Bei den meisten Brennern hat die kleinste noch praktikable Düsengröße einen Öldurchsatz von 2 kg/h, was einer Brennerleistung (ohne Abgasverluste usw.) von 20 000 kcal/h entspricht. Diese Kapazität ist für die meisten Einfamilienhäuser bei 125 m^2 Wohnfläche mit einer mittelguten Wärmedämmung ausreichend.
Kleinere Düsen sind für die meisten herkömmlichen Ölbrenner nicht sinnvoll, denn es entsteht die Gefahr der Verstopfung durch Verunreinigungen im Öl. Das gibt Ärger und Kosten für den Brenner-Notdienst. Es zahlt sich also nicht aus, die vom Brenner-Hersteller empfohlene Mindestleistung der Düse zu unterschreiten.
Aber wenn Sie die kleinste empfohlene Größe einsetzen lassen, haben Sie wegen der geringeren Stillstandsverluste den Vorteil des sparsameren Verbrauches.

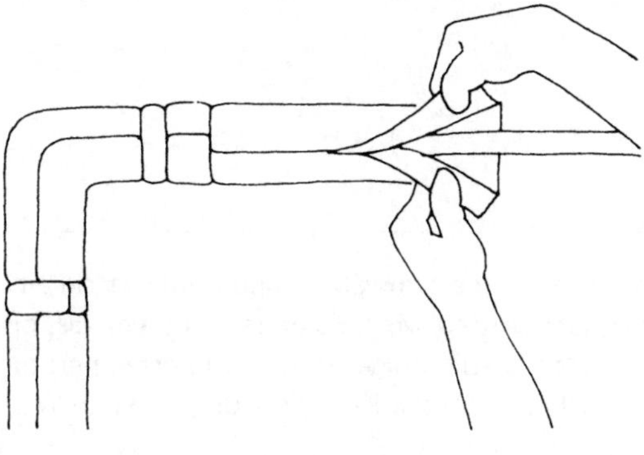

Dämmung der Leitungsrohe mit Rohrschalen mindert die Abstrahlverluste.

Und ein Risiko gehen Sie nicht ein. Das Schlimmste, was Ihnen passieren kann, ist, daß Sie bei sehr kaltem Wetter nicht alle Räume heizen können. In diesem Fall können Sie bei der nächsten Wartung die nächstgrößere Düse einsetzen lassen.
Die Brennerhersteller bemühen sich eifrig, durch neue Geräte die Minimalleistung der Brenner weiter herabzusetzen. Vermutlich werden in einigen Jahren Brenner mit einem Durchsatz von 1 kg/h am Markt verfügbar sein, was einer Leistung von 10 000 kcal/h entspricht. Diese Leistung liegt für die meisten Einfamilienhäuser bereits an der unteren Grenze der an kalten Tagen erforderlichen Heizleistung, es sei denn, der Wärmebedarf wurde durch sehr hochwertige Dämmung (überall Doppelfenster, 6 cm Hartschaum an allen Wänden) stark reduziert. Bei einer solchen drastischen Senkung des Wärmebedarfs ist es zweckmäßig, sowohl eine neue Heizung als auch einen neuen Brenner zu installieren, die beide dem geringen Wärmebedarf angepaßt sind. Die heute verfügbaren kleinsten Ölheizungskessel mit integriertem und separat temperaturgeregeltem Warmwasserboiler liegen im Leistungsbereich ab 18 000 kcal/h.

Gute Regelung = guter Wirkungsgrad

Die Abstimmung des Wärmebedarfs zwischen der im Kesselwasser gespeicherten Wärme und den Heizkörpern spielt für die sparsame Heizung eine große Rolle. Durch gute Regelung läßt sich viel Energie sparen. Welche Regelsysteme gibt es?

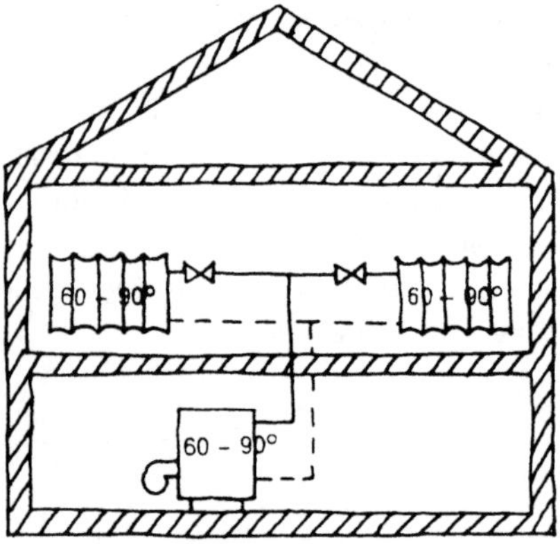

Primitiv-Regelung ohne Mischventil. Hohe Vorlauftemperatur, daher hohe Verluste.

Die Ein-Ausregelung

Ein im Zimmer angebrachter Thermostat schaltet die Umwälzpumpe immer dann ein, wenn die eingestellte Zimmertemperatur unterschritten wird. Es dauert dann etwas, bis das Kesselwasser die Heizkörper durchströmt. Ist die eingestellte Zimmertemperatur erreicht, dann schaltet die Pumpe automatisch ab. Um die Kesselleistung und den Wärmebedarf im Haus aufeinander abzustimmen, kann mit Hilfe des Kesselthermostaten die Temperatur des Kesselwassers von 60 bis 90 °C eingestellt werden. Die „Ein-Aus" Regelung der Umwälzpumpe ist ungunstig und unwirtschaftlich. Denn die Heizkörper erhalten in größeren Abständen einen Stoß von heißem Kesselwasser und kühlen dann wieder ab. Das verursacht unnötige Abstrahlverluste in den Warmwasserleitungen und verkurzt die Lebensdauer des Kessels. Wenn Sie diese Art der Regelung haben, sollten Sie ein Mischventil mit Stellmotor einbauen lassen.

Mischventil mit Handregelung

Hierbei werden die Wasser-Kreisläufe der Heizkörper und des Kessels getrennt. Das Wasser im Kessel bleibt stets auf der eingestellten Temperatur. Ein Mischventil gibt nur soviel heißes Kesselwasser in den Heizkörperkreislauf, um jene Vorlauftemperatur zu erreichen, die fur eine gleichmaßige Heizung der Wohnräume notwendig ist. Heißwasserstöße werden vermieden. Bei jeder Änderung der Außentemperatur müßte eigentlich das Mischventil neu eingestellt werden. Wird es kalter, dann mehr Kesselwasser, wird es warmer, dann weniger. Und weil es wirtschaftlich ist, nachts die Raumtemperatur um etwa 6 °C abzusenken, müßten Sie jeden Abend und jeden Morgen in den Keller laufen, um den Handmischer zu betatigen. Hand auf's Herz: Tun Sie das? Obwohl also theoretisch der Handmischer große Vorteile bietet, sollte man den Stellvorgang am Mischer lieber einem Motor uberlassen.

Mischventil mit Motorregelung

Ein Motor übernimmt die für den jeweiligen Bedarf der Raumheizung richtige Einstellung des Mischventils. Der Motor erhält seine Impulse entweder von einem Raumthermostat, der im wichtigsten Zimmer, meist dem Wohnzimmer, untergebracht ist, oder von einem Außenthermostat, der an der Außenwand des Gebäudes die Außentemperatur mißt und die jeweils günstigste Vorlauftemperatur einstellt. Eine Schaltuhr bewirkt,

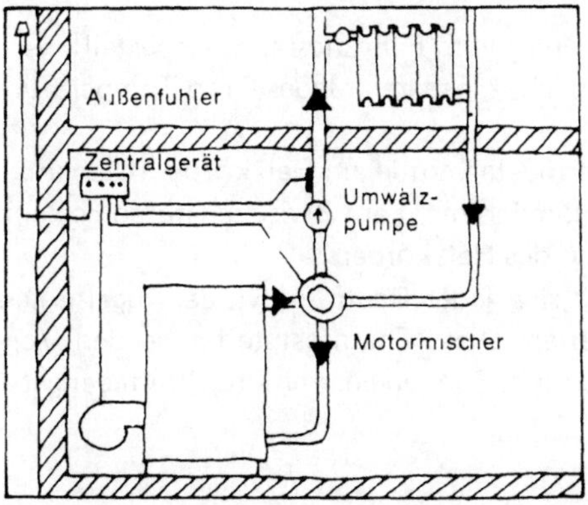

Regelung mit Außenfühler, Motormischer und angepaßter Vorlauftemperatur

daß zu von Ihnen eingestellten Zeiten die für den Tag vorgesehene Thermostateinstellung während der Nacht um etwa 6 °C gemindert wird. Dadurch geht weniger Energie durch die Wände des Hauses verloren, und trotzdem kann das Haus am nächsten Morgen schnell wieder aufgeheizt werden. Denn eine Stunde, bevor Sie aufstehen, dreht der Motor das Mischventil auf, die Vorlauftemperatur im Heizkörper wird angehoben.
Wenn Sie bereits eine Heizung mit Handmischventil haben, können Sie einen Stellmotor nachträglich einbauen lassen.
Die meisten handbetätigten Mischventile sind so ausgelegt, daß ein Zusatzgerät aus Stellmotor, Regelautomatik und Nachabsenkungsuhrwerk ohne viel Aufwand montiert werden kann.
Die Kosten betragen etwa DM 500,– einschließlich Montage. Die Nachtabsenkung spart Ihnen 6–8% Öl (oder Gas) also etwa DM 200,–/Jahr, eine gute Investition, die Ihrem Geldbeutel und Ihrem Komfort zugute kommt.

Heizkörper-Thermostatventile

Die vom Stellmotor über das Mischventil aufgrund der Befehle des Raumthermostaten oder Außenthermostaten eingestellte Vorlauftemperatur der Heizkörper ist für die behagliche Erwärmung des wichtigsten Raumes, meist des Wohnzimmers, berechnet. Ist der Raumthermostat im Wohnzimmer angebracht – und das ist die meist sinnvollste Stelle –, dann wird das Wohnzimmer als „Führungsraum" bezeichnet. Wie ist es aber mit Küche, Diele, Schlafzimmern und Bad? Oder mit einer Einliegerwohnung? Soll in all diesen Räumen immer die gleiche Temperatur wie im „Führungsraum" herrschen? Denn Vorlauftemperatur und Größe der Heizkörper in den einzelnen Räumen sind so berechnet, daß mit der für das Wohnzimmer „richtigen" Vorlauftemperatur auch in den anderen Räumen die normale Temperatur erreicht wird. In den meisten Fällen ist aber ein „synchroner" Verlauf der Raumtemperaturen in allen Räumen weder erwünscht noch wirtschaftlich. Während des Tages sind die Schlafzimmer unbenutzt, die Kinder sind nicht im Haus. Die Räume sollten also auf abgesenkter Temperatur von ca. +15 °C bleiben. Zum Essen muß das Eßzimmer behaglich sein, während Schlaf- und Wohnzimmer noch nicht genutzt werden. Am Nachmittag wird das Kinderzimmer für Hausaufgaben benutzt, benötigt also 20 °C.
Das Beispiel zeigt: Wenn jedes Zimmer unabhängig vom Führungsraum eingestellt werden kann, läßt sich Energie ohne Komfortverzicht einsparen. Jedes Grad Temperaturabsenkung spart 6% Energie!
Das ist ohne großen Aufwand zu machen! Thermostatventile am Heizkörper machen es möglich. Normale Heizkörperventile können nämlich nicht auf Zwischenstufen gestellt werden, sie dienen nur zum Auf- und Abdrehen des Heizkörpers.
Aber mit Heizkörper-Thermostatventilen läßt sich jeder Raum individuell regeln. Die eingestellte Temperatur wird zuverlässig gehalten. Diese Thermostate haben den Vorteil, daß sie auch auf Fremdwärme ansprechen d.h. Sonneneinstrahlung, Wärmeabgabe

von Lampen, Fernsehgeräten oder Personen mit in den Regelvorgang einbeziehen. Auch das bedeutet: Mehr Komfort bei weniger Energieaufwand.
Und wenn Sie einmal das Schlafzimmer gut heizen müssen, weil jemand krank ist, aber das Wohnzimmer noch kühl bleiben kann? Dann tricksen Sie den Zimmerthermostaten aus: Sie drehen im „Führungsraum" die Heizung ab. Der Thermostat öffnet das Mischventil, das Schlafzimmer wird warm, das Wohnzimmer bleibt kalt.
Die Kosten dieser Ventile einschließlich Einbau betragen etwa DM 80,–/pro Stück. Wenn der Heizkörper ungünstig gelegen ist – z.B. unter einer Fensterbank – benötigt der Thermostat einen Fernfühler, der an einer günstigeren Stelle im Raum montiert wird. Die Mehrkosten hierfür sind gering (etwa DM 20,–). Der Thermostat darf nicht durch einen Vorhang oder ein Möbelstück verdeckt werden, weil er dann die Raumtemperatur nicht erfassen und seine Aufgabe – die Einhaltung der jeweils eingestellten Raumtemperatur – nicht erfüllen kann.
Lüftungssünden wirken sich bei mit Heizkörperthermostaten ausgerüsteten Räumen besonders gravierend aus. Denn der Thermostat fühlt, daß der Raum kalt ist und dreht selbständig das Zulaufventil zum Heizkörper auf, damit der Heizkörper mehr Wärme an den Raum abgeben kann. Das tut er, und die teure Heizungswärme entweicht durch das offene Fenster nach außen.
Bei richtiger Bedienung der Heizkörperventile in den einzelnen Räumen lassen sich jährlich 8–10% an Heizöl (oder Erdgas) sparen.
Das sind etwa DM 300,–. Wenn Sie in Ihrem Haus alle beheizten Räume außer dem „Führungsraum" mit Thermostatventilen ausrüsten und diese in den einzelnen Räumen auch sinnvoll bedienen, sparen Sie pro Jahr für DM 200,– bis DM 300,– Öl oder Erdgas. Der Einbau der Ventile kostet etwa DM 400,–. Also eine gute Investition!

Raumthermostat-Regelung

Der Raumthermostat dient dazu, die im „Führungsraum" eingestellte Raumtemperatur dort einzuhalten. Dazu schaltet er entweder die Umwälzpumpe ein und aus oder gibt dem Stellmotor die Befehle zum Öffnen oder Schließen des Mischventils. Es kann nur ein einziger Raumthermostat verwendet werden. Alle anderen Räume sind daher von diesem Thermostaten und den Wärmeverhältnissen des Raumes, in dem er angebracht wird, abhängig. Er sollte deshalb so angeordnet werden, daß er die im Raum gewünschte Temperatur richtig erfaßt, also nicht durch Gardinen oder Möbel abgeschirmt, an einer kalten Außenwand montiert oder der Sonnenstrahlung ausgesetzt ist. Die zur Nachtabsenkung benötigte Zeituhr kann entweder im Raumthermostaten oder am Steuerungsgehäuse des Mischventil-Stellmotors im Heizungsraum angebracht werden. Bei nachträglichem Einbau der Nachtabsenkung ist die Anbringung am Steuerungsgehäuse billiger.
Für die überwiegende Zahl der Einfamilienhäuser ist der Raumthermostat im Wohnzimmer die einfachste und wirtschaftlichste Regelung, denn hier konzentriert sich das Fa-

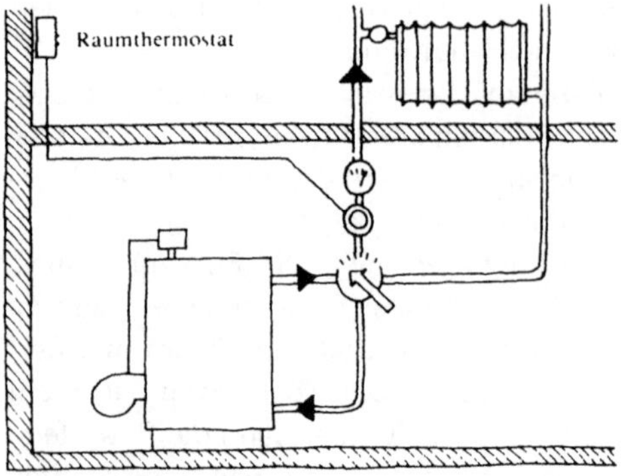

Regelung mit Raumthermostat, Umwälzpumpe und Mischventil. Der Raumthermostat bestätigt die Pumpe, wenn die eingestellte Temperatur unterschritten wird. Mit dem Mischventil wird die für die jeweilige Außentemperatur optimale Vorlauftemperatur eingestellt.

milienleben in der für die Heizung wichtigste Zeit: Im Herbst und Winter am Nachmittag und am Abend. Lesen, Fernsehen, Unterhaltung spielen sich meist im Wohnzimmer ab. Dabei entsteht „Fremdwärme", die den Raum mit aufheizt und vom Thermostaten erfaßt und berücksichtigt wird. Ist gar ein Kamin mit günstigem Wirkungsgrad vorhanden, so kann bei mäßig kühlem Wetter die gesamte Fremdwärme zur Beheizung des Wohnzimmers ausreichen. In vielen Fällen reicht es dann aus, wenn die übrigen Räume eine Schlafzimmertemperatur von 15 °C haben.
Wird aber gewünscht, daß ein bestimmtes Zimmer zusätzlich geheizt wird, so kann trotz starker Fremdwärme durch Kamin, Fernseher und Lampen im Wohnzimmer für die anderen Zimmer für genügend Vorlauftemperatur gesorgt werden: Der Raumthermostat wird hochgestellt; falls es zu warm ist, wird der Heizkörper im Wohnzimmer abgedreht. Der Thermostat schaltet dann die Umwälzpumpe bzw. den Mischventilmotor ein und sorgt für eine ausreichende Vorlauftemperatur für die übrigen Räume. Dieses Vorgehen ist sinnvoll, wenn alls übrigen Räume mit Heizkörperthermostaten ausgestattet sind. Aber es sollte eine Ausnahme bleiben. Sonst ist die Außenthermostatregelung wirtschaftlicher.

Außenthermostat

Hierbei ist ein Temperaturfühler außen am Haus angebracht. Dieser erfaßt die Außentemperatur und weitere Witterungseinflüsse, wie Wind und Regen. Seine Impulse gehen an ein zentrales Steuergerät, das den Mischer-Stellmotor so einstellt, daß die Vorlauftemperatur auf die Witterungsverhältnisse abgestimmt wird. Die Nachtabsenkung erfolgt durch ein im Steuerungsgerät eingebautes Uhrwerk. Ein Außenthermostat regelt gleichmäßiger, weil er Temperaturschwankungen rechtzeitig erkennt und durch Änderung der Vorlauftemperatur berücksichtigt. Das ergibt einen stetigen Raumtemperaturverlauf. Die Temperatur-Regelung in den einzelnen Räumen und die Berücksichtigung unterschiedlicher Sonnenstrahlung, Fremdwärme und Zimmertemperaturen muß jedoch über Heizkörperthermostate in jedem Raum – auch im Wohnzimmer – erfolgen.

Außenthermostat-Regelungen kosten etwa DM 500,– mehr als Zimmerthermostaten-Regelungen mit Motormischer. Außenthermostate sind für solche Eigenheime von Vorteil, in denen ständig in mehreren Räumen eine behagliche Temperatur eingehalten werden muß. Das kommt besonders bei Einliegerwohnungen und bei allen Mehrfamilienhäusern vor.
Für das normale Eigenheim mit nur einer Familie bietet die witterungsgeführte Regelung dagegen nur eine sehr geringe Brennstoffeinsparung und keine wesentliche Erhöhung des Komforts. Eine Nachrüstung mit dieser Regelungsart ist daher nur in Ausnahmen wirtschaftlich.

Ein Wort zum Kamin

Offene Kamine sind schick: Das Knistern des Holzes, der flackernde Feuerschein, die lebendige Wärmestrahlung. Nostalgie und Romantik. Warum auch nicht?
Rein heizungstechnisch ist der offene Kamin ein großer Energieverschwender: Der „Wirkungsgrad" beträgt bestenfalls 20%: in vielen Fällen ist er sogar negativ, denn der Kamin benötigt stündlich 400 bis 1 000 m^3 Verbrennungsluft, die durch Ritze in Fenstern und Türen als kalte Luft in den Raum dringt und dem Raum Wärme entzieht. Die Energie entweicht buchstäblich durch den Kamin. Aber lassen Sie sich den Spaß am Kamin nicht verderben. Schaden kann das Feuer im Kamin kaum, und etwas zusätzliche Wärme bringt es in den meisten Fällen, vor allem, wenn das Wetter noch mild ist. Der Nutzen ist in der Regel mehr psychologisch als physisch bedingt: Das knisternde, flackernde Feuer gibt das Gefühl der Wärme und Geborgenheit, man kommt daher mit einer niedrigeren Zimmertemperatur aus. Die Schamottesteine heizen sich nach längerem Feuer auf und strahlen Wärme in den Raum. Die Wärmestrahlen erwärmen Möbel und Teppich und verwandeln die Strahlung durch Konvektion in warme Luft. Halten Sie also das Feuer im Kamin stetig, aber niedrig. Ein Brikett zwischen dem Holz hilft dabei. Um so besser wärmen sich die Schamottesteine auf. Bei starkem Feuer wird dagegen viel Verbrennungsluft benötigt, die bei den meisten Kaminen aus dem Zimmer angesogen wird. Kalte Luft strömt durch Ritzen in Fenstern und Türen nach und muß von den Heizkörpern wieder aufgeheizt werden. Vorne schwitzen Sie (von der Kaminstrahlung) und hinten frieren Sie (von der nachströmenden Kaltluft). Und wenn Sie glauben das viele Brennholz hinter dem Haus würde helfen, Heizöl zu sparen, dann machen Sie folgende Rechnung:

1 Meter Holz = 600 kg
1 kg (trockenes) Holz = 3 500 kcal
Wirkungsgrad des Kamins: 25%
Wirkungsgrad der Ölheizung: 75%
(1 l Heizöl = 8 700 kcal)
1 Meter ersetzt also

$$\frac{600 \cdot 3\,500 \cdot 0{,}25}{8\,700 \cdot 0{,}75} = 80 \text{ l Heizöl}$$

Da schrumpft ein großer Stapel Brennholz auf den Energiegehalt eines halben Ölfasses zusammen.
Zwei Maßnahmen dienen dazu, den Wirkungsgrad des Kamins zu verbessern bzw. zu verhindern, daß der Kamin während oder nach der Benutzung zum Energieverschwender wird:

- Sorgen Sie dafür, daß die Verbrennungsluft auf möglichst kurzem Weg zum Kamin gelangt und nicht den ganzen Raum durchströmt. Das kann durch ein mit einem Schieber verschließbares Loch in der Wand hinter dem Kamin geschehen. Der Schieber muß zugfrei schließen, wenn der Kamin nicht in Betrieb ist.
- Der Kaminzug (zum Schornstein) muß durch eine gut schließende Klappe verschlossen werden können. Diese muß immer geschlossen sein, wenn der Kamin nicht brennt, denn sonst entweicht warme, teuer geheizte Raumluft durch den Schornstein nach außen.

Und fallen Sie nicht auf clevere Verkäufer herein, die irgendwelche Patentvorrichtungen anbieten, mit denen angeblich im Kamin Warmwasser für die Zentralheizung oder Warmluft für die Zimmerheizung erzeugt werden kann. In den allermeisten Fällen lohnen sie sich nicht.

Öfen – schlechte Brennstoffverwerter

Einzelöfen, wie Gußeisen- oder Kachelöfen, haben durchweg einen schlechteren Wirkungsgrad als Zentralheizungen:

- Die Verbrennung von Kohle oder Holz läßt sich nicht so gut regeln wie die von Gas oder Öl. Der Verbrennungsvorgang verläuft deshalb meist entweder zu schnell oder zu langsam.
- Die Verbrennungsluft wird dem Raum entnommen. Die von außen nachströmende Luft muß wieder auf Zimmertemperatur gebracht werden. Ferner entsteht Zugluft.

Öfen haben einen Wirkungsgrad von höchstens 65%. Aber im Ernstfall bieten sie den Vorteil, daß die Heizung auf nur einen Raum beschränkt werden kann. Unsere Großeltern gingen mit Brennstoffen sparsam um, weil der Betrieb mehrerer Öfen gleichzeitig zu viel Arbeitsaufwand erfordert hätte. Sie heizten deshalb nur ein oder zwei Räume in der Wohnung. Erst die „Wärme auf Knopfdruck" ließ unsere Ansprüche an den Heizkomfort auf das heute erreichte Niveau wachsen. Mit Öfen wäre das nicht möglich gewesen.

7 Die Warmwasserbereitung

Warmes Wasser zum Waschen wird vom Heizungsfachmann Brauchwasser genannt. Das durch die Heizkörper fließende Kesselwasser dagegen wird nicht verbraucht, sondern zirkuliert nur. Zur Körperpflege verbrauchen Sie das meiste Brauchwasser. Geschirrspüler und Waschmaschine sind ebenfalls große Verbraucher, aber diese Geräte entnehmen der Leitung kaltes Wasser und heizen es im Gerät elektrisch auf. Eine Verbesserung des Wirkungsgrades der Brauchwasserbereitung hat daher auf den Verbrauch dieser Haushaltsgeräte keinen Einfluß.

Der durchschnittliche Bedarf für Brauchwasser ist von Familie zu Familie recht unterschiedlich und hängt hauptsächlich von den Gewohnheiten der Körperpflege ab:

Täglich ein heißes Vollbad bedeutet täglich 150 l Brauchwasser. Duschen ist sparsamer (etwa 30 l). Ein tägliches Bedürfnis nach intensiver Haarwäsche unter laufender heißer Dusche schlägt im Energieverbrauch stärker zu Buche als eine Großfamilie von Kneippanhängern, die nach dem Prinzip „Je kälter, um so schöner" kaltes Wasser beim Duschen bevorzugen.

In den meisten Eigenheimen wird warmes Wasser in einem Kombinationsheizkessel erhitzt. Ein und derselbe Kessel sorgt für Heizung und Brauchwasserbereitung. Bei den meisten Heizkesseln mit kombiniertem Warmwasserboiler ist dieser oben im Kessel eingebaut. Das heiße Kesselwasser steigt nach oben, gibt seine Wärme an den Boiler ab und sinkt nach unten. Die Brauchwassertemperatur erwärmt sich auf das Niveau des Kesselwassers, d.h. auf etwa 70 °C. Denn die Kesseltemperatur muß, um Korrosionsschäden im Kessel zu vermeiden, mindestens 70 °C betragen. Mit speziellen Werkstoffen hergestellte „Niedertemperaturkessel" lassen sich ohne das Risiko von Korrosionsschäden auf eine niedrigere Temperatur einstellen und nutzen die Abgastemperatur besser aus bis auf 180 °C. Aber in Küche, Bad und Dusche wird nur Wasser mit einer Austrittstemperatur von 45 °C benötigt.

Höhere Wassertemperaturen bringen Ihnen folgende Nachteile:

- Kalkbildung im Boiler. Dadurch wird der Wärmeübergang erschwert. Das bedeutet Energieverlust und vorzeitige Zerstörung des Materials.
- Korrosion der Wasserleitungen durch aggressives Wasser. Die Erneuerung von durch Kalk oder Säure zersetzten Wasserleitungen (die unter Putz verlegt sind!) ist teuer!
- Unnötig hohe Abstrahlverluste in den Warmwasserleitungen: Energieverlust, besonders im Sommerbetrieb.
- Wasser- und Energieverschwendung beim Verbrauch. Denn erfahrungsgemäß wird mit der Mischbatterie in Küche oder Dusche durch Zumischen von kaltem Wasser die Temperatur eingestellt. Bis die richtige Temperatur erreicht wird, läuft viel heißes Wasser durch den Abfluß.

Bei modernen energiesparenden Heizkesseln ist daher der Boiler im unteren Bereich des Heizkessels angeordnet, oder eine durch Thermostat gesteuerte Pumpe pumpt das heiße Kesselwasser durch eine im Boiler liegende Rohrschlange und erwärmt ihn solan-

ge, bis die eingestellte Brauchwassertemperatur von 45–50 °C erreicht ist. Dann schaltet die Pumpe ab, das Brauchwasser bleibt auf der eingestellten Temperatur. Die Nachteile des „Hochspeichers" werden vermieden.
Die Kombination von Brauchwasseraufbereitung und Heizkessel ist keine Ideallösung. Aber im Winterbetrieb hat sie Vorteile: Der Kessel ist ohnehin in Betrieb, da erfolgt die Brauchwasseraufbereitung mit hohem Wirkungsgrad von etwa 75%. Geschenkt bekommen Sie im Winter das warme Wasser aber nicht, wie manche glauben. Die physikalischen Gesetze zeigen: Um Ihren Tagesbedarf von 50 l Brauchwasser von 10 °C auf 45 °C zu erwärmen, brauchen Sie bei 75% Wirkungsgrad 2 333 kcal = 1/4 l Heizöl. Der Wirkungsgrad von 75% ist gut, da nimmt man andere Nachteile noch in Kauf. Im Sommer aber ist die Heizung abgeschaltet, die Umwälzpumpe stillgelegt. Brenner und Kessel arbeiten jetzt nur noch für die Brauchwasserbereitung: Der Kessel muß warm bleiben; sobald er unter 70 °C abkühlt, springt der Brenner an, und das alles, um kleine Mengen Wasser zu erwärmen bzw. heiß zu halten, viel heißer sogar, als benötigt wird. Und dabei kühlt der Kessel aus, denn der Schornstein zieht kalte Luft durch den Brenner und durch Luftschlitze in der Kesselöffnung an, der Heizkessel wird zum „Kühler". Und läuft und läuft . . .
Keine sehr wirtschaftliche Lösung also: Der Wirkungsgrad der Brauchwasserbereitung durch die Ölzentralheizung sinkt im Sommer auf etwa 25%, oft sogar noch darunter.

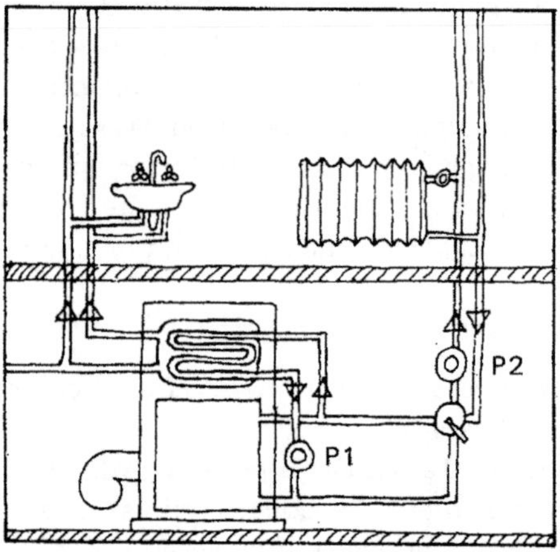

Begrenzung der Brauchwassertemperatur durch eine zusätzliche Umwälzpumpe.
Pumpe P1 fördert heißes Kesselwasser durch den Wärmetauscher im Boiler, bis die dort eingestellte Temperatur von 45 °C erreicht ist. Pumpe P2 fördert das 70 °C heiße Kesselwasser durch die Heizkörper.

Ölverbrauch für Warmwasser

Wie hoch ist der Ölverbrauch für die Warmwasserbereitung bei einer vierköpfigen Familie und einem „Kombinationskessel"?
Der Pro-Kopf Durchschnittsverbrauch beträgt 50 l/Tag bei einer Temperatur an der Zapfstelle von 50 °C. Wenn Sie vom 15. Oktober bis zum 30. April heizen, läuft der

Kessel an 200 Heizungstagen pro Jahr. An 150 Sommertagen läuft er nur zur Brauchwasserbereitung (die restlichen 15 Tage ist die Familie im Sommerurlaub). Die Kaltwassertemperatur des Leitungsnetzes beträgt 10 °C.
Für den Verbrauch im Sommer einschließlich der Übergangszeit ergibt sich dann folgender Heizölbedarf.

$$\frac{4 \cdot 50 \cdot 150 \cdot (50-10)}{0{,}25 \cdot 8\,700} = \frac{1\,200\,000}{2\,175} = 550 \text{ l Öl}$$

Für den Winter ergibt sich folgender Verbrauch:

$$\frac{4 \cdot 50 \cdot 200 \cdot (50-10)}{0{,}75 \cdot 8\,700} = \frac{1\,600\,000}{6\,525} = 245 \text{ l Öl}$$

Insgesamt benutzt die vierköpfige Familie in unserem Beispiel also 795 l Heizöl für 70 000 l Brauchwasser. Der durchschnittliche Wirkungsgrad beträgt 40%. Zusätzlich dazu verbraucht die Familie noch Elektrizität für die Warmwasserversorgung des Geschirrspülers und der Waschmaschine.
Obwohl im Sommer nur an 150 von insgesamt 350 Tagen (d.h. rd. 43% der Zeit) warmes Wasser benötigt wird, beträgt wegen des geringen Wirkungsgrades der Ölverbrauch im Sommer 69% des Gesamtverbrauches. Hier müssen also unsere Sparmaßnahmen ansetzen.

Brauchwasserbereitung mit Gas oder Strom?

Aber wie? Die Übersicht auf Seite 83 zeigt Berechnungen des Brennstoffverbrauches für einen 4-Personen-Haushalt bei Verwendung von Öl, Gas und Strom. Wenn ein Gasanschluß bereits vorhanden ist (z.B. zum Kochen), dann spart ein gasgefeuerter Warmwasserboiler etwa DM 110,– bis DM 200,–/Jahr an Brennstoffkosten. Dem stehen jedoch Anschaffungs- und Montagekosten des Gasboilers von etwa DM 1 500,– bis DM 2 000,– sowie Wartungskosten von DM 70,–/Jahr gegenüber. Keine wirtschaftliche Lösung also. Noch ungünstiger ist das Verhältnis zwischen Aufwand und Nutzen bei Verwendung eines Elektro-Boilers mit Nachtaufladung, weil auch hier ähnlich hohe Anschaffungs- und Montagekosten bei geringeren Brennstoffeinsparungen anfallen.

Brauchwasserbereitung durch Wärmepumpen

Kleine elektrische Wärmepumpen für die Brauchwasserbereitung werden im Heizungskeller aufgestellt, damit sie die vom Ölheizungskessel abgestrahlte Energie nutzen können. Die von der Pumpe abgekühlte Kellerluft wird durch ein Loch in der Wand in den Nebenraum geleitet – dort kann sie Speisen oder Wein kühl halten – oder nach Außen

abgeblasen. Diese Klein-Wärmepumpen haben eine Leistungsziffer von etwa 3,5. Der nachstehende Kostenvergleich für einen 4-Personen-Haushalt zwischen einer Kombinations-Ölheizung und einer Brauchwasser-Wärmepumpe zeigt, daß diese Pumpen bei den derzeitigen Preisen noch nicht wirtschaftlich sind.
Für die Warmwasserversorgung eines 4-Personenhaushaltes müssen 4 x 50 x 350 = 70 000 l Wasser von +10 °C (Temperatur des kalten Leitungswassers) auf +50 °C (Temperatur an der Zapfstelle) erwärmt werden. Dazu sind 70.000 x 40 = 2,8 million kcal (= 3.250 kWh) erforderlich. Bei einer Leistungsziffer von 3,5 benötigt die Pumpe etwa 930 kWh elektrischen Strom pro Jahr. Die Pumpe verursacht jährlich folgende Kosten:

Anschaffungspreis von Pumpe	
und Wasserspeicher einschl. Montage	DM 4.800,–
abzügl. Steuervorteil 25%	DM 1.200,–
Ihre Investition:	DM 3.600,–
Annuität bei 8,5% Zinsen und	
10 J. Abschreibung = 15,2%	DM 550,–
Wartung und Reparatur	DM 100,–
Stromverbrauch: 930 kWh x DM 0,12	DM 110,–
Gesamtkosten pro Jahr:	DM 760,–

Zum Vergleich: ein Kombinationskessel mit Ölfeuerung würde zur Brauchwasserbereitung etwa 795 l Öl benötigen. Diese kosten 795 x DM 0,60 = DM 477.–
Abgesehen von der Öleinsparung lassen sich durch den Einsatz der Brauchwasser-Wärmepumpe bei der Ölheizung praktisch keine Kosten für Wartung oder Amortisation einsparen.
Bei einem Neubau oder wenn Sie Ihre Ölheizung erneuern sparen Sie jedoch etwa DM 1.200,–, weil Sie statt eines Kombi-Kessels nur einen Heizungskessel ohne Warmwasserboiler benötigen. Dadurch ermäßigt sich Ihre Investition um DM 1.200,–, die Annuität sinkt um DM 180,–/Jahr.
Wenn durch die Produktion größerer Stückzahlen die Brauchwasserpumpen billiger werden – womit schon bald zu rechnen ist – werden diese eine wirtschaftliche Methode der Warmwasserbereitung darstellen, insbesondere bei größeren Haushalten bzw. Haushalten mit hohem Warmwasserbedarf.
Sie sollten daher bei künftigen Entscheidungen über Ihre Warmwasserversorgung die Brauchwasser-Wärmepumpe mit berücksichtigen.

Übersicht

Kosten der Warmwasserbereitung

Warmwasserbedarf:	4 Personen, 50 l/Tag und Person = 70.000 l/Jahr
	Kaltwassertemperatur 10 °C, Auslauftemperatur 50 °C
	(Temperaturdifferenz = 40 °C)
Wärmebedarf:	70.000 x 40 = 2800 000 kcal/Jahr.
Energiegehalt:	Heizol 8700 kcal/l, Gas bzw. Strom. 860 kcal/kWh

I. Öl-Kombiheizung: Jahreswirkungsgrad fur Warmwasser 40%

Ölverbrauch: $\frac{2800\,000}{8700 \times 0{,}4}$ = 800 l x DM 0,60 = DM 480,–

II. Gasboiler: Jahreswirkungsgrad 65%

Gasverbrauch: $\frac{2800\,000}{860 \times 0{,}65}$ = 5000 kWh

Kosten
- a. bei Kochgastarif. DM 0,045/kWh — DM 225,–
- b. bei Heizgastarif, z.Zt.. DM 0,04/kWh — DM 200,–
- c. nach Angleichung an Ölpreis (1982/1983 ?): DM 0,06/kWh — DM 300,–

III. Elektro-Boiler: Jahreswirkungsgrad 90%

Stromverbrauch: $\frac{2800\,000}{860 \times 0{,}90}$ = 3600 kWh

Kosten
- a. bei Normaltarif: 15 Pf/kWh — DM 540,–
- b. bei Schwachlasttarif. 10 Pf/kWh — DM 360,–

Anmerkung: Die möglichen Brennstoffeinsparungen sind zu gering, um größere Umstellungen zu rechtfertigen. Nur wenn bereits ein Gasanschluß vorhanden ist, könnte der Einbau eines Gasboilers mit atmospharischem Brenner wirtschaftlich sein.
Bei Einbau eines modernen Öl-Kombikessels mit separat regelbarem Warmwasserboiler beträgt der Jahreswirkungsgrad etwa 50%. Der Ölverbrauch sinkt auf 650 l, die jährlichen Kosten sinken auf DM 390,–.
Durch Einbau einer Zeitschaltuhr für den stundenweisen Sommerbetrieb zur Warmwasserbereitung läßt sich der Ölverbrauch für die Warmwasserbereitung um ca. 200 l/Jahr senken.

Ölsparen beim Sommerbetrieb

Eine gute Einsparmöglichkeit läßt sich immer dann verwirklichen, wenn der Verbrauchsschwerpunkt für warmes Wasser zu einer bestimmten Zeit auftritt, also z.B. wenn alle Familienmitglieder entweder morgens oder abends duschen.
Dann schalten Sie etwa eine halbe Stunde vorher den Kessel ein und kurz nach diesem Verbrauchsschwerpunkt wieder aus. Anschließend bleibt noch genügend warmes Wasser zur Verfügung, um z.B. nach dem Mittagessen in der Küche Warmwasser zu haben.
Vor dem Zubettgehen schalten Sie die Heizung mit dem roten Schalter vor der Feuerschutztür ein, damit sie am nächsten Morgen warmes Wasser zum Duschen haben. Wenn Sie abends und morgens duschen, schalten Sie die Heizung 30 Minuten vor Bedarf am Abend ein, nach dem morgendlichen Duschen wieder ab. Mit dieser simplem Methode wird der Wirkungsgrad der Brauchwasserbereitung wesentlich verbessert. Denn weil der Kessel während vieler Stunden nicht mehr ständig auf Minimum-Kesseltemperatur von 70 °C aufgeheizt wird, geht weniger Energie durch die Kesselkühlung verloren.
Klären Sie durch einige Tests, ob diese Methode ohne unannehmbaren Komfortverlust für Ihren Haushalt möglich ist. Ist das der Fall, so können Sie die tägliche Abschaltung automatisieren. Eine Zeitschaltuhr kostet DM 40,–. Ein Elektriker montiert sie Ihnen in die elektrische Zuleitung Ihres Kessels. Für den Sommerbetrieb können Sie damit die jeweils gewünschte Zeit (etwa eine halbe Stunde vor Beginn des Entnahmeschwerpunktes bis eine halbe Stunde danach) einstellen, um genügend warmes Wasser zur Verfügung zu haben.
Mit dieser einfachen Methode können Sie Ihren Sommerverbrauch um etwa 200 l senken, bei schlecht wärmegedämmten Kesseln und Warmwasserleitungen – die im Sommer die Wände aufheizen – sogar noch mehr. Einen hohen Wirkungsgrad im Sommerbetrieb bieten Heizkessel mit separat gesteuerten Wasserboilern auch nicht, aber doch eine Verbesserung des Wirkungsgrades um 10%, also eine Einsparung von etwa 150 l/Jahr.

Separat stehender Warmwasserboiler?

Für die Ölheizung ist nach wie vor der Kombinationskessel am wirtschaftlichsten. Nur bei sehr hohem Brauchwasserbedarf ist es wirtschaftlich, den Boiler außerhalb des Heizkessels anzuordnen. Dieser separater Boiler wird vom heißen Kesselwasser durch eingebaute Wärmetauscher-Rohrschlangen mit Hilfe einer Umwälzpumpe erwärmt. Die Brauchwassertemperatur kann beliebig eingestellt werden. Sie sollte bei 45–50 °C liegen. Separate Boiler haben im Sommerbetrieb einen Wirkungsgrad von etwa 35%. Auch hierbei kann der Einbau einer Zeitschaltuhr für den Heizkessel etwa 150 l einsparen.
Alle diese Überlegungen zeigen: Wenn Sie Ihr Brauchwasser mit Hilfe der Ölheizung erzeugen, ist ein „Umsteigen" auf andere Energieträger, wie Gas oder Strom, nicht wirtschaftlich.

Durch zeitweise erfolgende Abschaltung der Heizung mit Hilfe eines Zeitschalters können Sie jedoch im Sommerbetrieb ohne gravierenden Komfortverlust etwa 150 l Öl einsparen, und zwar bei geringen Kosten für den Einbau eines Zeitschalters.

Andere Sparmaßnahmen für den Warmwasserbedarf

In manchen Villen mit hohem Komfortniveau wurde ein Zweirohrsystem mit Umwälzpumpe in die Warmwasserleitung eingebaut, so daß jederzeit warmes Wasser an der Zapfstelle verfügbar ist. Bei der Einrohr-Warmwasserversorgung kommt zunächst das abgekühlte Wasser aus der Leitung, bis aus dem Kessel warmes Wasser nachströmt.
Die ständige Umwälzung des warmen Wassers erhöht aber die Abstrahlverluste in den Rohrleitungen. Um diese zu mindern, sollte die Umwälzpumpe im Winter und im Sommer dann, wenn kein Wasser verbraucht wird (nachts), durch eine Zeitschaltuhr abgestellt werden. Eine entsprechende Vorrichtung kostet etwa DM 100,– einschließlich Montage. Bei längerer Abwesenheit sollte diese Pumpe ebenfalls abgeschaltet werden.
Thermostatisch gesteuerte Mischventile, die jederzeit warmes Wasser der gewünschten Temperatur abgeben, sparen zwar Energie, weil weniger Wasser beim Mischen verloren geht als bei einer handbetätigten „Mischbatterie" in der Küche, am Waschbecken oder in der Dusche, aber die sehr hohen Kosten dieser Ventile (ab ca. DM 400,– plus Einbau) machen sie unter dem Gesichtspunkt des Wasser- oder Energieverbrauches völlig unwirtschaftlich. S.g. „Einhandmischer" sind billiger: sie kosten etwa DM 150,– und sparen ebenfalls warmes Wasser.

Warmwasserversorgung für Geschirrspüler und Waschmaschine

Haushaltgeräte verbrauchen erhebliche Mengen warmes Wasser: ein Geschirrspüler pro Spülung 50 l bei 65 °C, eine Waschmaschine 80 l bei 60–95 °C. Wenn Sie Ihren Geschirrspüler täglich benutzen, haben Sie einen Heizungsbedarf von 1 Million kcal pro Jahr oder einen Gegenwert von 275 l Öl (bei 40% Jahres-Wirkungsgrad der Heizung). Das entspricht Heizölkosten von DM 165,– pro Jahr. Bei den heute auf dem Markt befindlichen Geschirrspülern wird das Wasser in der Maschine elektrisch aufgeheizt. Läßt sich hier sparen?
Es liegt nahe, dem Geschirrspüler das durch die Ölheizung oder einen Gasboiler aufgeheizte Wasser zuzuführen, um den Stromverbrauch zu senken. Dieser Gedanke läßt sich beim Geschirrspülen theoretisch verwirklichen. Es gibt Modelle, die an die Warmwasserleitung angeschlossen werden können. Sie sparen den zum Heizen des Spülwassers erforderlichen Strom. Bei einem Gesamtbedarf von 1 Million kcal sind das 1 200 kWh zu DM 0,15/kWh = DM 180,–/Jahr. Die Einsparung von DM 15,– ist aber zu gering, um

eine Änderung lohnend zu machen. Bei einer Gasheizung sparen Sie etwas mehr: für die 1 Million kcal benötigen Sie bei 65% Jahreswirkungsgrad Ihres Gasboilers 1 800 kWh Gas. Bei einem Preis von 6 Pf/kWh kostet das DM 108,–. Sie sparen also pro Jahr DM 72,–.

Die Hersteller von Geschirrspülern und Waschmaschinen senken aber durch neue Spülgänge und Verwendung von möglichst geringen Mengen von Warmwasser den Energieverbrauch. So werden beim Universalprogramm der neueren Geschirrspüler nur 20 von insgesamt 50 l Wasser aufgeheizt. Wenn Sie diese Modelle an einen Warmwasseranschluß anschließen, wird auch unnötig warmes Wasser verbraucht. Denn Geschirrspüler haben nur einen einzigen Wasseranschluß.

Resultat der Überlegungen: Es ist günstiger, sich bei dem nächsten fälligen Geschirrspülerkauf ein energiesparendes Modell auszuwählen, als das Gerät an die Warmwasserversorgung anzuschließen.

Waschmaschinen haben ein komplizierteres Programm als Geschirrspüler: Das Wasser muß kalt eingeführt werden, um zuerst Eiweißverschmutzungen zu lösen. Erst danach wird das Wasser in der Maschine erwärmt. Darauf folgen dann mehrere Spülgänge. Die elektrische Heizung ermöglicht es, diese Programme mit geringem technischem Aufwand abzuwickeln: Thermostate schalten je nach dem gewählten Programm die Elektroheizung ein, um das Wasser auf die gewünschte Temperatur zu bringen. Wenn warmes Wasser von außen zugeführt wird, muß die Temperaturregelung der Maschinen geändert werden: statt billiger Thermostatschalter teure Mischventile. Das erhöht die Kosten dieser mit Warmwasser von außen versorgten Waschmaschine, vor allem, weil zunächst nur eine kleine Zahl dieser Geräte verkauft werden könnte. Es ist daher nicht zu erwarten, daß in absehbarer Zeit viele Hersteller Waschmaschinen auf den Markt bringen, die sich für die Warmwasserversorgung eignen. Bei drei Füllungen pro Woche würden Sie bei der Brauchwasserbereitung mit Öl nur etwa DM 10,–, bei Gas etwa DM 40,– jährlich sparen.

Ein einfacher Weg zur Senkung der Stromkosten für Geschirrspüler und Waschmaschine wäre die Benutzung des Schwachlasttarifes: Sie zahlen einen um 5 Pf/kWh niedrigeren Strompreis, wenn Sie die Geräte zwischen 21.00 Uhr und 7.00 Uhr benutzen. Erkundigen Sie sich nach den Einzelheiten bei Ihrem EVU. Einsparung pro Jahr: Geschirrspüler DM 50,–, Waschmaschine DM 25,–. Es lohnt sich kaum.

8 Vernünftiges Haushalten, regelmäßige Wartung

Sie können den Ölverbrauch Ihrer Heizungsanlage verbessern durch

- Maßnahmen, die Geld kosten, wie z.B. Einbau von Wärmedämmung, Thermostatventilen, Nachtabsenkung, Kessel mit besserem Wirkungsgrad usw.
- Maßnahmen, die kaum oder sehr wenig Geld kosten: bessere Wartung, richtiges Lüften.

Daher wollen wir uns hier mit der billigsten Möglichkeit befassen Geld, zu sparen: durch vernünftiges Haushalten.

Die Wartung des Kessels: Richtig und zum richtigen Zeitpunkt

2 mm Rußschicht im Kessel, die Sie nicht sehen können, vermindern den Wirkungsgrad um 7%, kosten Sie also 350 l = DM 210,–, ohne daß Sie etwas davon haben. Geld geht unnötig zum Schornstein hinaus, weil der Brenner nicht richtig eingestellt ist. Was nutzt es, wenn Sie das zu spät bemerken? Wenn der Schornsteinfeger mit seiner Emissionsschutz-Messung erst im April kommt und Ihnen nachträglich zeigt, wieviel Sie im Winter vergeudet haben? Wenn Sie dann den Heizungsinstallateur rufen und ihn bitten, den Kessel zu reinigen und den Brenner einzustellen, nachdem ,,das Kind in den Brunnen gefallen ist''?.

Es kommt also darauf an, diese Wartungsarbeiten rechtzeitig, d.h. vor Beginn der Heizsaison ausführen zu lassen. Bestellen Sie daher den Wartungsdienst möglichst im Spätsommer oder im Herbst, um Brenner und Kessel überprüfen, neu einstellen und den Ruß entfernen zu lassen. Gerade während des unrationellen Sommerbetriebes bildet sich viel Ruß und Dreck. Lassen Sie sich vom Fachmann zeigen, wie die Rauchzüge des Kessels mit einer Bürste gereinigt und der Schmutz anschließend mit dem Staubsauger aus dem Brennraum abgesaugt werden kann. Wenn Ihnen die Arbeit mit Bürste und Staubsauger zu schmutzig ist: Es gibt neuerdings auch Heizungs-Reinigungssprays, die den Ruß chemisch entfernen, die zwar teuer sind, aber auch sauber. Ihr Eisenwarenhändler wird Sie über deren Anwendung beraten.

Am Abend vor der Reinigung stellen Sie den Heizkessel ab, ein heißer Kessel läßt sich nicht reinigen! Am nächsten Morgen beginnen Sie die Arbeit. In 30 Minuten sind Sie fertig und stellen den Kessel wieder an. Es macht sich bezahlt, der Kessel dankt es Ihnen durch niedrigeren Ölverbrauch.

Das Heizkessel-Fieberthermometer

Um laufend über den Betriebszustand der Heizung informiert zu sein, lohnt sich in etwa monatlichen Abständen während der Heizperiode ein kleiner Gesundheitstest: Sie messen die Temperatur im Rauchgasabzug, nachdem der Kessel etwa 15 Minuten läuft und das Kesselwasser die Betriebstemperatur erreicht hat. Das können Sie am Thermometer für die Vorlauftemperatur ablesen: Mindestens 70 °C.

Ihr Rauchgasthermometer kaufen Sie im Sanitär- oder Eisenwarengeschäft. Es kostet DM 40,–. Am Rauchrohr zwischen Kessel und Kamin ist ein kleines Loch oder eine Inspektionsklappe: Sie führen das Thermometer ein und belassen es dort für drei Minuten. Das letzte „Gesundheitsattest" des Schornsteinfegers oder des Wartungsdienstes zeigt die normale Rauchgastemperatur. Wenn sich diese nennenswert erhöht, also z.B. von 220 °C auf 260 °C hinaufgeklettert ist, dann arbeitet der Kessel mit geringerem Wirkungsgrad; entweder weil sich Ruß abgesetzt hat und daher das Kesselwasser die in den Verbrennungsgasen enthaltene Energie nicht aufnehmen kann, oder weil sich die Einstellung des Brenners oder der Düse geändert hat.

Sie können sich dann leicht ausrechnen, ob es sich lohnt, selber die Kesselbürste oder den Reinigungsspray in die Hand zu nehmen, um den Ruß zu entfernen. Die Übersicht zeigt das Verhältnis von Abgastemperatur und Wirkungsgrad des Kessels. Bei einem Ölverbrauch von 5 000 l bedeutet jedes Prozent weniger eine Einsparung von 50 Litern.

Wenn Sie nach der Reinigung des Kessels feststellen, daß Ihr Patient noch immer eine überhöhte Temperatur hat, so rufen Sie Ihren Wartungsdienst an. Denn dann ist der Kessel herzkrank: Es liegt am Brenner!

Abgasverluste für Heizöl EL
Abgasverluste q_A [%]

Kohlendioxidgehalt CO_2 [Vol. %]															
14,0*	5,9	6,3	6,7	7,2	7,6	8,0	8,4	8,8	9,3	9,7	10,1	10,5	11,0	11,4	11,8
13,5	6,1	6,6	7,0	7,4	7,9	8,3	8,7	9,2	9,6	10,1	10,5	10,9	11,4	11,8	12,2
13,0	6,4	6,8	7,3	7,7	8,2	8,6	9,1	9,5	10,0	10,4	10,9	11,3	11,8	12,3	12,7
12,5	6,6	7,1	7,6	8,0	8,5	9,0	9,4	9,9	10,4	10,9	11,3	11,8	12,3	12,7	13,2
12,0	6,9	7,4	7,9	8,4	8,8	9,3	9,8	10,3	10,8	11,3	11,8	12,3	12,8	13,3	13,8
11,5	7,2	7,7	8,2	8,7	9,2	9,7	10,3	10,8	11,3	11,8	12,3	12,8	13,3	13,9	14,4
11,0	7,5	8,0	8,6	9,1	9,7	10,2	10,7	11,3	11,8	12,3	12,9	13,4	13,9	14,5	15,0
10,5	7,9	8,4	9,0	9,6	10,1	10,7	11,2	11,8	12,4	12,9	13,5	14,0	14,6	15,2	15,7
10,0	8,3	8,9	9,4	10,0	10,6	11,2	11,8	12,4	13,0	13,6	14,2	14,8	15,3	15,9	16,5
9,5	8,7	9,3	9,9	10,6	11,2	11,8	12,4	13,0	13,7	14,3	14,9	15,5	16,1	16,8	17,4
9,0	9,2	9,8	10,5	11,1	11,8	12,5	13,1	13,8	14,4	15,1	15,7	16,4	17,0	17,7	18,4
8,5	9,7	10,4	11,1	11,8	12,5	13,2	13,9	14,6	15,3	16,0	16,7	17,4	18,0	18,7	19,4
8,0	10,3	11,1	11,8	12,5	13,3	14,0	14,8	15,5	16,2	17,0	17,7	18,4	19,2	19,9	20,7
7,5	11,0	11,8	12,6	13,4	14,2	14,9	15,7	16,5	17,3	18,1	18,9	19,7	20,5	21,2	22,0
7,0	11,8	12,6	13,5	14,3	15,2	16,0	16,9	17,7	18,5	19,4	20,2	21,1	21,9	22,8	23,6
6,5	12,7	13,6	14,5	15,4	16,3	17,2	18,2	19,1	20,0	20,9	21,8	22,7	23,6	24,5	25,4
6,0	13,8	14,7	15,7	16,7	17,7	18,7	19,7	20,6	21,6	22,6	23,6	24,6	25,6	26,5	27,5
	140	150	160	170	180	190	200	210	220	230	240	250	260	270	280

Abgastemperatur $t_A - t_L$ [K]

Wartungsvertrag oder nicht?

Vergleichen Sie die Kosten eines jährlichen Wartungsvertrages mit denen einer jährlichen einmaligen Inspektion und Wartung auf Abruf. Oft werden Sie feststellen, daß der Dienst auf Abruf kostengünstiger ist und Ihren Brenner und Heizkessel im Herbst betreut, wenn es für Sie am günstigsten ist – nicht erst dann, wenn der Wartungsfachmann dazu Zeit findet. Der Wartungsvertrag kostet etwa DM 200,–/Jahr, eine einmalige gründliche Reinigung, Wartung und Einstellung von Brenner und Kessel etwa DM 100,–.

Heizkörperventile sind zum Regeln da!

Stellen Sie die Temperatur in den einzelnen Zimmern nach dem tatsächlichen Bedarf ein. Wird das Zimmer für einige Stunden nicht benutzt, dann reichen 16 °C aus, denn im Bedarfsfall ist es schnell wieder aufgewärmt. Jeder Gradunterschied bedeutet 6% weniger Ölverbrauch. Heizen Sie deshalb unterschiedlich genutzte Räume auch nur so stark, wie Art und Dauer des Aufenthaltes dies erfordern. Kaufen Sie sich ein gutes Zimmerthermometer mit Feuchtigkeitsmesser (beim Optiker, DM 30,–) und kontrollieren Sie damit gelegentlich die Raumtemperatur in den einzelnen Zimmern. Markieren Sie die zur Einhaltung dieser Temperatur erforderliche Einstellung des Heizkörper-Thermostaten durch ein farbiges Klebeband.

Zweckmäßige Temperaturen	
– Wohnzimmer	Über Tag 18 °C, wenn genutzt 20–21 °C
– Eßzimmer	Über Tag 18 °C, wenn genutzt 20 °C
– Küche	18 °C
– Diele, Treppenhaus	15 °C
– Elternschlafzimmer	16–18 °C
– Kinderzimmer	18 °C, wenn tagsüber genutzt 20 °C
– Garage	Unbeheizt lassen (Rost und Tausalze wirken stärker, je wärmer es ist!)
– Badezimmer	18 °C (Es ist wirtschaftlicher, während der Benutzung eine fest an der Wand montierte elektrische Zusatz-Heizung zu verwenden.)

Nach Ansicht der Ärzte bleiben Sie gesünder, wenn sich Ihr Körper im Haus verschiedenen Temperaturen anpassen muß. Die medizinisch gesündeste Temperatur für den menschlichen Organismus liegt zwischen 18 und 20 °C. Daran können Sie sich wieder gewöhnen. Früher galten Räume mit 20 °C schon als mollig. Unsere Großeltern lebten – notgedrungen – energiebewußter und daher auch gesünder. Zu warme Räume haben meist auch eine zu geringe relative Luftfeuchtigkeit, und diese fördert Erkältungskrankheiten.

Kühler Kopf und warme Füße. Dieses medizinisch vernünftige Prinzip der Behaglichkeit läßt sich durch warme Socken, filzgefütterte Pantoffeln, notfalls durch eine leichte Wolldecke um die Füße befolgen. Vergessen Sie aber bei allen gut gemeinten Empfehlungen der Klimatechniker und Mediziner nicht: Mit sinkender Temperatur wird bald auch jener Punkt erreicht, an dem das häusliche „Betriebsklima" sinkt, die Behaglichkeits-Reizschwelle der Bewohner erreicht wird. Dort sollte für Sie auch die Grenze für die Energieeinsparung liegen. Das Unterschreiten dieser Grenze erfolgt auf eigene Gefahr!

Sparen in der Übergangszeit

Wenn die Heizleistung des Kessels nur geringfügig ausgenutzt wird entstehen sehr hohe Stillstandsverluste. Das ist sowohl bei der Warmwasserbereitung im Sommer als auch beim Heizen in der s.g. „Übergangszeit" der Fall. Wenn Sie also im Frühjahr oder Spätsommer die Heizung wegen eines kühlen Abends benötigen, sollten Sie diese nur kurz einschalten und nicht den ganzen Tag laufen lassen. Morgens reichen oft ein elektrischer Heizstrahler im Bad und ein elektrischer Heizlüfter in Küche oder Eßzimmer aus. Auf diese Weise lassen sich in der Übergangszeit bis zu einigen hundert Litern Öl sparen. Und in der Übergangszeit ist der offene Kamin im Wohnzimmer zum Heizölsparen besonders nützlich!

Luftfeuchtigkeit erhöhen!

Im Abschnitt „Klimakunde" wurde bereits erwähnt, daß nicht nur die Raumtemperatur, sondern auch die relative Luftfeuchtigkeit sich auf das Behaglichkeitsgefühl auswirken: Je geringer die Luftfeuchtigkeit, desto mehr müssen Sie heizen, um denselben Behaglichkeitspegel zu erreichen. Also: Sorgen Sie dafür, daß die Luftfeuchtigkeit möglichst 50–60% beträgt. Kaufen Sie beim Optiker einen Feuchtgehaltsmesser mit kombiniertem Raumthermometer. Sie können die Raumfeuchtigkeit durch große Wasserbehälter mit Filzverdampfer an den Heizkörpern, durch zahlreiche Zierpflanzen sowie durch elektrische Luftbefeuchter erhöhen. In den meisten Fällen erhöhen auch große Raumbefeuchter an den Heizkörpern und Zierpflanzen die Feuchtigkeit nur geringfügig. Bei trockenem Klima lohnt sich daher die Anschaffung eines Luftbefeuchters (im Elektro- oder Haushaltsgerätehandel, Kosten etwa DM 150,–). Denn: Trockene Luft ist nicht nur teuer. Sie ist auch ungesund für die Bronchien und fördert die Erkältungsgefahr.

Sparen Sie also Öl **und** Medikamente!

Gardinen als Energieverschwender?

Vermeiden Sie, daß Gardinen die Heizkörper verdecken. Gardinen sollten immer nur zwischen Heizkörper und Fensterscheibe, niemals zwischen Heizkörper und Innenraum hängen. Denn sonst fließt die Wärme des Heizkörpers nicht in den Raum hinein, es entsteht ein Wärmestau, der durch die dünne Wand der Heizkörpernische seinen Weg nach außen sucht. Kürzen Sie schwere, überlange Gardinen. Oder sind Ihnen überlange Gardinen einige Dutzend Liter Öl pro Jahr wert?
Prüfen Sie auch, ob Heizkörperverkleidungen die Luftzirkulation um den Heizkörper und in den Raum behindern. Die meisten Verkleidungen verbessern die Optik zu Lasten der Heizwirkung und der Heizkosten.

Richtiges Lüften

Im Abschnitt „Klimakunde" wurde gezeigt, daß in allen Räumen durch Ritzen in Fenstern und Türen eine ständige Luftumwälzung stattfindet. Das reicht aus, um z.B. im Schlafzimmer die über Nacht erfolgte Absorption von Feuchtigkeit durch Tapeten, Vorhänge, Möbel tagsüber wieder abzubauen. Dieser Vorgang benötigt mehrere Stunden und läßt sich nicht – auch nicht durch Lüften – kurzfristig erzwingen. Dazu ist Lüften also nicht notwendig.
Das Lüften der Räume hat nur einen Sinn: Verbrauchte Luft schnell zu erneuern. Dazu reicht es, die Fenster etwa 5 bis 10 Minuten weit zu öffnen. Zwar geht mit der warmen Luft auch Energie verloren, aber wenn Sie frische Luft brauchen, können Sie das nicht vermeiden.
Unsinnig und unwirtschaftlich ist es aber, die Fenster im Winter länger als fünf Minuten zu öffnen. Denn mehr als einmaliger Luftwechsel bringt Ihnen keinen Vorteil. Es kühlen aber die Zimmerwände aus, in denen sehr viel Energie gespeichert ist. Diese müssen Sie mit hohem Energieaufwand wieder aufheizen. Das kostet Ihr Geld!
Drehen Sie vor dem Lüften die Heizung ab (möglichst schon 1 Stunde vorher!) Das „Ankippen" der Fenster bringt keine Vorteile: Die erwärmte Luft strömt nach außen, kalte Luft strömt nach, die Wände kühlen ab, die Heizung wird unnötig belastet.

Fangen Sie die Sonne ein!

Fenster sind Verlustquellen für den Wärmehaushalt des Hauses, weil pro m^2 bis zu fünfmal soviel Wärme wie durch die Wand verloren gehen. Trotzdem brauchen Sie sich den Bunkerbau nicht zum Vorbild zu nehmen und auf Fenster zu verzichten.
Denn Fenster lassen auch Wärme herein: Die Wintersonne liefert Energie, die als Strahlung durch das Fenster hindurchgeht, auf Innenwände und Möbel trifft, sich in Wärme

umsetzt und die Raumluft erwärmt. Lassen Sie alsoder Wintersonne durch die Fenster freien Eintritt: Fenster zu, Vorhänge auf solange die Sonne scheint. Jeder Sonnenstrahl ist einige Tropfen Öl wert, durch ein großes Süd-West-Wohnzimmerfenster strömt an klaren Wintertagen der Gegenwert von vielen Litern Heizöl.
Aber sobald die Sonne verschwindet, geht der Wärmefluß in umgekehrter Richtung: Wenn die Außenluft kühler ist als die Raumtemperatur, strahlt das warme Zimmer Energie durch die Fensterscheibe nach außen. Daher sollten Sie die in Möbeln und Wänden gespeicherte Energie einfangen: Vorhänge zu, Rolladen herunter! Dadurch werden die Strahlungs- und Konvektionsverluste stark vermindert, die Sonnenwärme bleibt im Raum. Nicht erst damit warten, bis es Nacht geworden ist. Dann ist die Sonnenwärme schon längst wieder aus dem Raum entwichen!

9 Vorsorge für Notzeiten

Womit wollen Sie heizen, wenn die Ölversorgung stockt? Wenn die arabischen Wüstenkönige den Ölhahn zudrehen oder in Moskau ausgebildete „Freiheitskämpfer" den Öltankern den Weg versperren? Ehrlich gesagt: Darauf wissen weder der Autor dieses Buches noch die Politiker der Industriestaaten eine Antwort.

Eines aber scheint sicher: daß Sie – falls dieser Fall eintritt – nicht genügend Ersatz-Brennstoffe erhalten können, um damit den bisher gewohnten Komfort eines zentralgeheizten Eigenheimes weiter genießen zu können. Denn den Ausfall von Öl könnten weder Kohle noch Gas auffangen! Daher ist es unrealistisch, aus Vorsorge vor dem Ölstopp einen Umstellbrand-Heizkessel zu installieren. Denn das verursacht höhere Anschaffungskosten und Verzicht auf den optimalen Wirkungsgrad. Umstellbrandkessel, in denen Sie nach Belieben Öl, Gas, Kohle und eventuell sogar Holz verfeuern können, sind meist eine verbrennungstechnische Kompromißlösung. Ihr Wirkungsgrad ist etwa um 2–3% schlechter als bei einem Öl-Spezialkessel.

Anteile der Brennstoffe an der Versorgung mit Primärenergie in der Bundesrepublik 1978

Mineralöl	52%
Steinkohle	18%
Braunkohle	9%
Erdgas	16%
Kernkraft	3%
Wasserkraft	2%
Gesamter Verbrauch an Primärenergie	100%

Der Brennraum eines Kessels, seine Rauchzüge und andere Details der Konstruktion müssen auf den verwendeten Brennstoff ausgelegt sein, um optimale Verbrennung und bestmöglichen Wirkungsgrad zu erzielen. Bevor Sie also durch einen Umstellbrand-Kessel vermeintliche Sicherheit zu kaufen versuchen, sollten Sie folgendes überlegen:

1. Im Ernstfall, d.h. bei der kaum anzunehmenden, aber immerhin im Bereich des Denkbaren liegenden Möglichkeit einer längeren und schwerwiegenden Unterbrechung der Ölversorgung werden Sie mit einer knappen Zuteilung von Öl oder Ausweichbrennstoffen – wie Kohle, Gas und Strom – rechnen müssen. Denn diese Brennstoffe stehen nicht ausreichend zur Verfügung, um den 50%-igen Anteil des

Heizöls am Energiebedarf auch nur einigermaßen auszugleichen. Im Ernstfall müssen Sie also auf eine Zentralheizung verzichten und können höchstens ein oder zwei Räume Ihres Eigenheimes heizen.

2. Bei anderen denkbaren Störfällen: Streik im E-Werk, Schneekatastrophe, Zusammenbruch der Stromversorgung durch technische Pannen oder Netzüberlastung fallen die elektrisch betriebenen Brenner, Pumpen und Heizungsregelungen aus. Auch bei vollem Öltank sitzen Sie dann im Dunkeln und in der Kälte.
   Da nutzt auch ein „Wechselbrandkessel" nichts.

Die praktische Konsequenz aus diesen Überlegungen: Kaufen Sie sich (wenn Sie einen neuen Heizkessel benötigen) nur einen für seinen speziellen Zweck konstruierten Spezialkessel, also entweder für Öl oder für Gas, weil Sie bei der Anschaffung und beim Betrieb viel Geld sparen. Und nehmen Sie einen Teil der Ersparnisse, um für den Notfall Vorsorge zu treffen. Dazu gehört:

- Lassen Sie sich vom Schornsteinfeger zeigen, ob und wo Sie in Wohnzimmer oder Küche einen Notzugang an den Kamin machen können, d.h. einen Ofenrohranschluß, der nur im Notfall benutzt wird und normalerweise durch einen Verschluß verdeckt ist. Im Ernstfall können Sie dann selber in kurzer Zeit einen Zimmerofen anschließen.
- Besorgen Sie sich einen guten Zimmerofen, der mit Kohle, Braunkohlenbriketts oder Holz heizbar und auch noch zum Kochen geeignet ist. Eine Kleinanzeige in der Zeitung bringt manchmal einen gebrauchten Ofen für wenige DM ins Haus. Stellen Sie sich diesen Ofen in den Keller und besorgen Sie die zum Anschluß notwendigen Ofenrohre und Krümmer.
- Wenn Sie Platz im Keller haben (in einer nicht genutzten Ecke, unter dem Treppenaufgang), dann lagern Sie einige Zentner Briketts oder Kohle zur Notversorgung.
- Kaufen Sie sich eine gute Petroleumlampe mit Glaszylinder im Haushaltswarengeschäft, in der Drogerie einige Liter Lampenpetroleum (in Blechkanistern oder verschlossenen Glasflaschen erhältlich).

Dann haben Sie eine wirksame Vorsorge gegen hoffentlich und vermutlich nicht eintretende Notfälle. Diese Versorgung ist realistisch und im Notfall auch wirksam. Sie kostet weniger als Wechselbrand-Heizkessel und verursacht auch keine unnötig niedrigen Wirkungsgrad der normalen Ölheizung.

10 Lohnt sich der Wechsel auf andere Energieträger?

Ist Heizöl überhaupt der wirtschaftlichste Brennstoff für Ihr Heim? Lohnt sich ein Übergang auf Kohle, Gas oder Strom?
Auch diese Fragen sollten Sie überdenken.
Dabei müssen Sie zunächst versuchen, sich über die voraussichtliche künftige Entwicklung der Brennstoffkosten Klarheit zu verschaffen. Denn es nützt nichts, wenn Sie aufgrund eines kurzfristig eingetretenen Kostenvorteils sich z.B. für Erdgas entscheiden, wenn nach 1–2 Jahren dieses teurer als Öl wird. Das bedeutet aber: Sie spekulieren auf die künftigen Preise der verschiedenen Brennstoffe, wenn Sie heute eine Entscheidung über die Brennstoffart der Heizung treffen. Und Spekulationen können natürlich daneben gehen. Bei der Entscheidung für oder gegen Heizöl laufen Sie also ein erhehliches Risiko.
Betrachten wir daher die bisherige und die voraussichtliche Preisentwicklung des Heizöls sowie derjenigen Brennstoffe, die Öl ersetzen könnten.

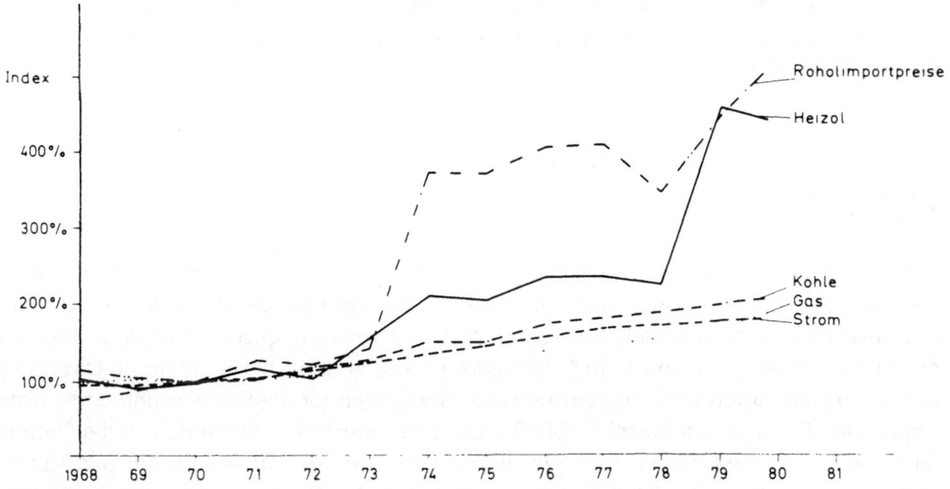

Grafische Darstellung der Entwicklung der Brennstoffpreise von 1969 bis 1979.
1968 = Indexzahl 100

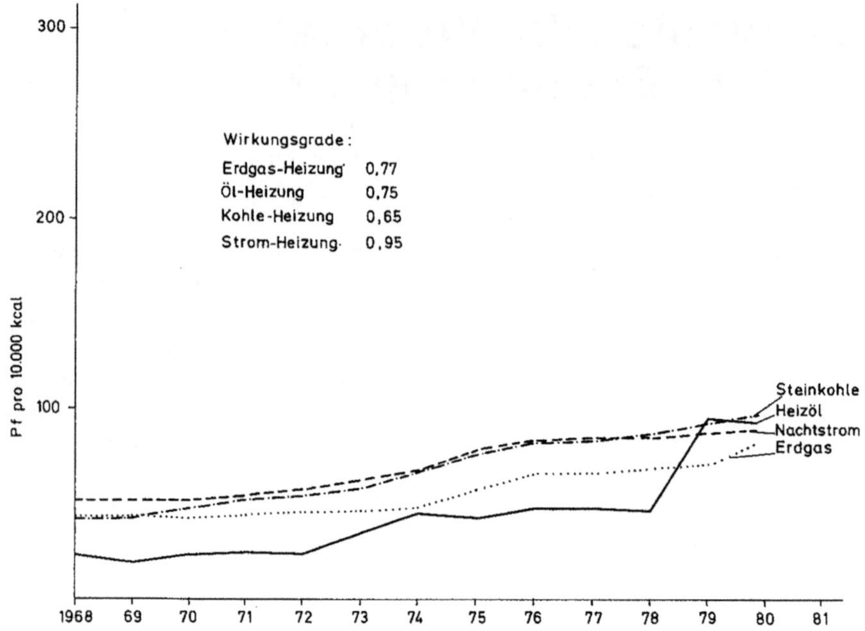

Die Entwicklung der Energiepreise. Netto-Preis in Pf pro 10 000 kcal. Unter Berücksichtigung der jeweiligen Kessel-Wirkungsgrade.

Ölpreis

Preise und Fördermengen von Rohöl werden heute politisch, nicht nach den Regeln von Angebot und Nachfrage bestimmt. Eine Vorhersage über die Verfügbarkeit und das Preisniveau von Roh- und Heizöl ist daher praktisch nicht möglich. Unter dem Gesichtspunkt der Förder-, Transport- und Verarbeitungskosten könnte Heizöl heute DM 0,20/l kosten. In den arabischen Staaten betragen die Kosten für die Erdöl-Suche und Förderung etwa US-$ 2,– pro Barrel (= DM 0,04/l). Die Industriestaaten liefen in die Ölpreisfalle, weil in den arabischen Ländern die Förderkosten des Öls weit unter den Kosten lagen, die in anderen ölreichen Gebieten – Nordsee, Alaska usw. – anfallen: Dort betragen sie etwa US-$ 10,–/Barrel. Daher wurde jahrzehntelang auf die Erschließung dieser zu teuren Ölquellen verzichtet, und man geriet in die Abhängigkeit des OPEC-Monopols. Zu den genannten Kosten – frei Tanker am Verschiffungshafen – kommen noch die Kosten für Schiffstransport, Verarbeitung zu Mineralölprodukten in der Raffinerie, Lagerung und Verteilung. Diese Kosten sind gering; sie liegen unter DM 0,10/l.
Die Ölgesellschaften wollen auch verdienen (wo sollten sie sonst Geld für die zig Milliarden teuren Nordseebohrungen und Pipelines herbekommen?), und schließlich sahnt

der Staat kräftig ab: 13% Umsatzsteuer, dazu Mineralölsteuern und Bevorratungsgebühren.
Im Herbst 1979 lagen die Rohölpreise frei Tanker bei langfristigen Verträgen bei etwa $ 22,– pro Barrel (= DM 0,25/l). Für kurzfristig lieferbare, also nicht im Rahmen von langfristigen Abnahmeverträgen gehandelte Ware wurden die sogenannten Spotpreise (Preise für sofort lieferbare Ware) in Höhe von etwa $ 30,–/Barrel (= DM 0,34/l) gezahlt. Auf der OPEC-Konferenz in Caracas im Dezember 1979 wurden die Vertragspreise auf $ 24,– bis 30,– pro Barrel (25 bis 32 Pf/l) angehoben.
Früher war dieser „Spotmarkt" mengenmäßig von geringerer Bedeutung. Heute gehen die OPEC-Staaten dazu über, ihre im Rahmen von langfristigen Lieferverträgen verkauften Mengen zu kürzen und selber Rohöl über den Spotmarkt anzubieten. Dadurch erfolgt eine Verknappung am Markt für langfristig kontrahierte Ware; die Spotpreise steigen. Die Förderländer verdienen also zusätzlich.
1974–1978 gingen die Ölpreise nach dem ursprünglichen OPEC-Schock zurück, weil durch eine Konjunkturabkühlung in wichtigen Industrieländern der Verbrauch nachließ und wegen des Kursrückganges des US-Dollars der DM-Gegenwert sank. Ob sich diese Entwicklung im Zeitraum 1979–1982 wiederholt, ist völlig offen. Denn die politischen Entscheidungen der arabischen Staaten sind kaum vorhersehbar.
Die Übersicht zeigt die Entwicklung der Preise für leichtes Heizöl, Erdgas, elektrischen Strom und Kohle von 1968–1980. Es zeigt sich, daß der Preisführer Heizöl Ende 1973 (OPEC-Krise) und Anfang 1979 (Iran-Krise) starke Preissprünge machte. In der Tendenz folgten die Preise der anderen Brennstoffe dieser Entwicklung, allerdings mit wesentlichem Abstand und in geringerem Umfang. Vermutlich bleibt diese Tendenz auch für den Zeitraum 1980–1983 gültig. In diesem Buch wird mit einem Ölpreis frei Haus von DM 0,60/l einschließlich Mehrwertsteuer und Bevorratungsabgabe gerechnet. Dieses Preisniveau wurde bei größeren Abnahmemengen von etwa 4 000 bis 5 000 l im Herbst 1979 erreicht.
Es ist durchaus möglich, daß dieser Preis sich schon bald als zu niedrig herausstellt. Oder daß er sich – bedingt durch einen längeren Konjunkturrückgang in den Industrieländern – für mehrere Jahre auf diesem Niveau hält. Der Leser kann mühelos den jeweils „aktuellen" Ölpreis in die einzelnen Wirtschaftlichkeitsvergleiche einsetzen.

Strompreis

Der Strompreis folgt dem des Preisführers Heizöl nur langsam. Für die Verstromung wird Öl nur in sehr geringen Mengen eingesetzt. Den Löwenanteil an der Stromerzeugung haben Braunkohle, Steinkohle und Erdgas. Aber die durch immer strengere Umweltschutzauflagen und politisch bedingte Verzögerungen beim Kraftwerksbau entstandenen Kostensteigerungen werden die Elektroversorgungs-Unternehmen (EVU) künftig zwingen, den Strompreis stetig anzuheben.

Weil ferner mit Engpässen in der Stromversorgung zu rechnen ist, werden Sondertarife für Nachtstrom, Schwachlaststrom und Großverbraucher vermutlich überproportional angehoben werden. Denn Sonderpreise sind nur für im Überfluß vorhandene Produkte sinnvoll, und diese Voraussetzung trifft künftig bei der Tarifgestaltung immer weniger zu.
Für den Hausbesitzer hat die Umschichtung der Tarife schwerwiegende Auswirkungen beim Tarif II, einem für Haushalte mit hohem Stromverbrauch für Wasch- und Geschirrspülmaschinen, Kochherde, Warmwasseraufbereitung usw. geschaffenen Vorzugstarif. Im Herbst 1979 beschloß das Bundeskabinett, ab 1980 die Preisvorteile des Tarifs II abzubauen. Sie werden also in absehbarer Zeit für zusätzlichen Stromverbrauch, der z.B. auch bei Solarheizungen, Wärmepumpen oder elektrischer Warmwasserbereitung entsteht, den derzeit für Tarif I (Kleinverbrauchertarif) geltenden Arbeitspreis zahlen müssen. Dazu kommt der durch Geldentwertung und Brennstoffkostenanstieg verursachte Anstieg der Strompreise. Aus diesem Grund wird bei allen Beispielen in diesem Buch mit einem Strompreis von DM 0,15/kWh einschließlich 13% Mehrwertsteuer und Kohlepfennig gerechnet. Dieser Preis dürfte für den zusätzlichen Verbrauch schon ab Mitte 1980 realistisch sein. Für Wärmepumpen wird ein Vorzugstarif von DM 0,12/kWh einschließlich Mehrwertsteuer und Kohlepfennig benutzt.
Weitere Einzelheiten zu den Brennstoffkosten sind in den folgenden Abschnitten erläutert.

Kohle

Als die Zentralheizung laufen lernte (1925–1955), wurde sie mit Kohle gefeuert. Solange der Villenbewohner Hauspersonal hatte – Gärtner, Chauffeur, Dienstmädchen –, bedeutete das Anmachen, Nachfüllen, Entaschen usw. für ihn keine Komforteinbuße. Heute ist es möglich, eine Kohleheizung weitgehend zu automatisieren: Eine Förderschnecke schafft die Kohle in den Brennraum, ein anderes Gerät füllt die Asche in Behälter. Das ist technisch möglich, wenn auch mit erheblichem Aufwand und hohen Kosten. Aber wie steht es mit dem künftigen Preis und der Verfügbarkeit von Kohle für private Zentralheizungen?

Kohlepreis

Eine in der Frankfurter Allgemeinen Zeitung veröffentlichte Studie (28.11.1978) zeigte, daß Kohle aus deutschen Bergwerken DM 150,– pro Tonne ab Grube kostete und zusätzlich vom Steuerzahler mit weiteren DM 150,–/Tonne subventioniert wird. Die Bundesregierung, die Länderchefs von Nordrhein-Westfalen und dem Saargebiet sowie die mächtige Bergarbeiter-Gewerkschaft werden sicher nichts dagegen einwenden, wenn

die tief in den roten Zahlen steckende Ruhrkohle AG die Kohlenpreise in dem Maße anhebt, als ein steigender Heizölpreis dies gestattet. Denn Heizöl ist der Preisführer am Energiemarkt, alle anderen Brennstoffe folgen ihm nach.
Je schneller der Kohlepreis steigt, um so mehr werden die von den Milliardensubventionen für den Kohlebergbau arg strapazierten öffentlichen Finanzen entlastet. Und welcher Finanzminister, welcher Politiker hätte nicht eine andere gute Verwendung für freiwerdende Milliarden? Die Chance, daß das Heizen mit Kohle jeweils wesentlich billiger wird als mit Heizöl, scheint also recht gering, unabhängig davon, wie stark die Ölpreise noch steigen. Vergleichen wir die im Winter 1979/80 geltenden Preise für Hausbrandkohle und Braunkohlenbriketts mit denen für Heizöl, dann kommen wir zu folgendem Ergebnis.

	Preis pro 10 000 kcal
– Hausbrandkohle, DM 510,–/t frei Haus Heizwert 7 000 kcal/kg	DM 0,73
– Braunkohlenbriketts, DM 340,–/t frei Haus Heizwert 4 800 kcal/kg	DM 0,71
– Heizöl, DM 0,60/l, Heizwert 8 700 kcal/l	DM 0,69

Heizöl ist also noch immer etwas billiger als Kohle oder Braunkohle. Zusätzlich müssen wir die verschiedenen Wirkungsgrade einer Zentralheizung mit Kohle und Öl berücksichtigen. Eine moderne Ölheizung für Einfamilienhäuser hat einen Wirkungsgrad von 75–80%. Ein kohlebefeuerter Kessel hat höhere Verluste; denn mit Kohle läßt sich eine kleine Heizung nicht so gut regeln. Im Jahresdurchschnitt liegt daher der Wirkungsgrad bei 65%. Pro 10 000 kcal Netto-Heizleistung – nach Abzug der Wirkungsgrad-Verluste – kostet also das Heizöl DM 0,92, die Kohle DM 1,12, das Braunkohlenbrikett DM 1,09.
Eine Einsparung bringt Kohle also nicht, aber einen erheblichen Komfortverlust.

Zur Versorgungssicherheit sollten Sie folgendes überlegen: Zweifellos ist derzeit genügend Kohle verfügbar. Zig Millionen Tonnen liegen auf Halde. Aber hierbei handelt es sich um Industrie- und Kraftwerkskohle, die in einer normalen Zentralheizung nicht bzw. nur mit großem Aufwand und Ärger verwendbar ist. Hausbrandkohle ist dagegen knapp, weil viele Hausbrandzechen an Saar und Ruhr schon in den sechziger Jahren geschlossen wurden. Auch Koks ist nur in begrenzter Menge verfügbar, seit die Gaswerke durch Erdgas verdrängt wurden.
Im Falle einer ernsten und längerfristigen Störung der Ölversorgung würde sich aber der Bedarf für Kohle (und zwar für alle Sorten, einschließlich der Hausbrandsorten) enorm erhöhen.
Das zeigt schon der in der Übersicht auf S. 100 dargestellte Endenergieverbrauch in Haushalt und Gewerbe in der Bundesrepublik. Davon entfallen 61% auf Erdölprodukte, 14% auf Erdgas und nur 6% auf Stein- und Braunkohle. Bei einer Einschränkung der Ölversorgung würde ein solcher Ansturm auf die Steinkohle einsetzen, daß eine scharfe Rationierung unvermeidbar wäre.

Es wäre unrealistisch, in diesem – hoffentlich und vermutlich nicht eintretenden – Fall einer ernsten Ölversorgungskrise zu erwarten, daß mehr Kohle pro Haushalt zur Verfügung steht als ausreicht, um einen Zimmerofen zu heizen.
Für Zentralheizungen bleibt in diesem Fall nicht genug übrig.
Abgesehen von den Problemen der Kosten, der Verfügbarkeit im Notfall, der Heizungstechnik sowie des Komforts stellt sich die Frage der Unterbringung. Denn Kohle muß in unmittelbarer Nähe des Heizkessels gelagert werden. Ein Verbrauch von 4 000 l Heizöl entspricht einer Menge von 6 t (= 120 Zentnern) Kohle.

Der Energieverbrauch der Haushalte und Kleinverbraucher 1978	
Steinkohle und Braunkohle	6%
Heizöl und sonstige Mineralölprodukte	61%
Erdgas	14%
Strom	15%
Fernwärme	4%
Gesamter Energieverbrauch	100%

Erdgas

Wie steht es mit Erdgas statt Heizöl?
Grundsätzlich ist Erdgas ein wirtschaftlicher Brennstoff, besonders für Wohnungen in Miethäusern oder bei Eigentumswohnungen. Auch bei gut gedämmten Einfamilienhäusern kann Erdgas wirtschaftlich sein, sogar dann, wenn der auf den Energiegehalt bezogene Preis über dem Vergleichspreis für Heizöl liegt. Denn für eine Ölheizung mit Kessel, Brenner und Öltank sind wesentlich höhere Investitionen erforderlich als bei einer Gasheizung. Bei einer durchschnittlichen Lebensdauer von 12 Jahren für Kessel, Tank und Brenner fallen deshalb jährlich höhere Abschreibungs- und Zinskosten an als bei einer Gasheizung. Dadurch kann ein höherer Brennstoffpreis bei Gas wieder ausgeglichen werden. Es lohnt sich also, die Frage „Öl oder Erdgas?" gründlich zu prüfen.
Erdgas ist um so wirtschaftlicher, je kleiner die zu beheizende Wohnung, je niedriger der Wärmebedarf ist. Je größer das Haus oder je schlechter die Wärmedämmung, um so stärker schlägt ein höherer Brennstoffpreis bei der Gasheizung durch, um so wirtschaftlicher ist Heizöl. Die wichtigste Voraussetzung für eine wirtschaftliche Heizung mit Erdgas ist also ein möglichst gut wärmegedämmtes Haus.

Wie steht es aber, wenn Sie in Ihrem Eigenheim schon eine Ölheizung haben und überlegen, ob sich das Umsteigen auf Erdgas lohnt? Fragen Sie zuerst Ihr Gasversorgungsunternehmen (GVU), ob die Möglichkeit zu einem Gasanschluß für Heizungszwecke besteht und welche Anschluß- und Grundgebühren sowie Gaspreise Sie zu erwarten haben. Wenn Sie in der glücklichen Lage sind, daß eine Gasleitung unter Ihrer Straße liegt und das Gasversorgungsunternehmen noch freie Kapazität hat, dann müssen Sie die Kosten vergleichen und dabei auf die künftigen Preise von Öl und Gas spekulieren.

Erdgaspreis

In den letzten 15 Jahren, seit dem Erdgas in größerem Umfang geliefert wird, war es die Preispolitik der Versorgungsunternehmen, den Erdgaspreis (auf den Energiegehalt bezogen) über dem des Heizöls zu halten.
Das hatte gute Gründe, und diese Gründe bestehen weiter:

- Erdgas ist eine „Edelenergie": Es ist sauber, kann auch an kleinen Brennstellen (Mietwohnungen im Altbau!) einfach und rationell eingesetzt werden. Erdgas ist also am Energiemarkt „mehr wert".
- Erdgas ist nicht in beliebig großen Mengen verfügbar. Sein Anteil am gesamten Energiebedarf der Bundesrepublik beträgt z.Zt. 16%, verglichen mit 52% für Erdölprodukte. Es wäre also gar nicht möglich, Heizöl durch Erdgas zu ersetzen. Ein Marktanteil von 20% ist für Erdgas die Obergrenze, weil es nicht genügend Erdgasquellen gibt.
- An den Erdgasproduzenten und Ferngasgesellschaften sind die großen Ölfirmen finanziell beteiligt. Ein Verdrängungswettbewerb Erdgas gegen Öl ist daher nicht in deren Interesse und somit unwahrscheinlich.

Die von den Gasproduzenten und Ferngasgesellschaften den einzelnen GVU berechneten Preise sind durch Indexklauseln an die Entwicklung des Marktpreises für Heizöl gebunden:

- für vor dem 1. Oktober 1974 kontraktierte Mengen (Altmengen) zu 70% an schwerem Heizöl, 10% an die Lohnkosten, 20% Festwert.
- für nach dem 1. Oktober 1974 kontraktierte Mengen (Neumengen) 64% an schwerem Heizöl, 22% an leichtem Heizöl, 10% an die Lohnkosten, 4% Festwert.

Die Einkaufspreise des GVU werden bei Altmengen jeweils am 1. April entsprechend der Ölpreis- und Lohnkostenentwicklung der vorausgegangenen 12 Monate angepaßt, bei Neumengen zweimal jährlich, zum 1. April und zum 1. Oktober. Die GVU sind in ihrer Preisbildung unabhängig, sie werden sich aber sowohl nach den höheren Bezugspreisen als auch nach der Marktlage und der eigenen Kostenentwicklung richten. Dabei unterliegen sie dem Einfluß der örtlichen Politiker, die sich – besonders vor Wahlen – scheuen, den Verbrauchern und Wählern allzu drastische Preiserhöhungen zu präsentieren.

Daher können Sie davon ausgehen: Bis 1981/1982 werden die Gaspreise sich wieder dem durch den Iran-Schock von 1978/1979 gestiegenen Ölpreisniveau angepaßt haben. Ab etwa 1982/1983 dürfte kein nennenswerter Unterschied mehr zwischen Gas- und Ölpreis bestehen. Wenn allerdings die OPEC wieder eine kräftige Ölpreiserhöhung durchsetzt, dürfte das Nachziehen des Gaspreises ein bis zwei Jahre länger dauern. Als gasversorgter Eigenheimbesitzer haben Sie dann wieder eine ein- bis zweijährige Schonfrist. Außerdem sind die Gaspreise nicht den selben starken Schwankungen unterworfen wie der vom freien Ölmarkt in Rotterdamm unmittelbar beeinflußte Heizölpreis.

Die Kosten der Gasheizung

Ihr GVU wird Ihnen in der Regel eine Anschlußgebühr von etwa DM 2 000,– bis DM 4 000,– berechnen, dafür aber die Gasleitung bis zur Innenseite Ihrer Kellerwand führen. Oft müssen Sie selber für die Erdarbeiten auf Ihrem Grundstück (von Grundstücksgrenze bis einschließlich Durchbruch durch die Kellerwand) sorgen. Das kostet etwa DM 100,– pro lfd.m. Ferner müssen Sie die Kosten für die Installation der Gasleitung im Keller sowie das Anschließen der Gasheizung und des Gasboilers tragen.
Wenn Ihr vorhandener Kessel noch sehr gut ist und mit hohem Wirkungsgrad arbeitet, können Sie den Ölbrenner gegen einen Gasbrenner auswechseln. Der ist allerdings recht teuer, er kostet einschließlich Einbau etwa DM 2 000,–.
Sie sparen die Kosten einer neuen Gasheizung und eines Gasboilers von zusammen DM 3 500,–. Allerdings bezahlen Sie diesen Vorteil mit den höheren Wartungskosten des Gasgebläsebrenners sowie einem niedrigeren Wirkungsgrad der Heizung im Sommer. Es lohnt sich also kaum, den alten Ölkessel mit einem Gasgebläsebrenner zu betreiben.
Wenn Ihr Heizungskessel schon älter ist, keinen separat geregelten Brauchwasserboiler hat oder die Abgasverluste 13% überschreiten (Meßwerte des Schornsteinfegers) dann sollten Sie einen Gasheizkessel sowie einen separaten Gasboiler mit atmosphärischen Brennern einbauen. Ihre Ölheizung und den Öltank können Sie entfernen lassen. Das kostet etwa DM 600,–. Sie gewinnen dadurch zusätzlichen Kellerraum. Denn die Gasheizkessel lassen sich auch im Hobbyraum aufstellen. Oder Sie lassen Tank, Kessel und Ölbrenner in Reserve für den Fall, daß die Ölpreise einmal wesentlich unter dem Gaspreis liegen sollten und Sie wieder reumütig zum Heizöl zurückkehren. Dies ist jedoch recht unwahrscheinlich.

Übersicht

Kosten einer modernen Ölheizung

Anlageninvestition:

Öl-Spezial-Kombikessel moderner Bauart mit Brenner und separat regelbarem Boiler, Mischventil mit Motorantrieb. Einschließlich Einbau sowie Abtransport des alten Heizkessel. Alle Anschlusse sowie Öltank sind vorhanden:	DM 5.500,–
Feste Kosten: Kapitaldienst 12 Jahre, 8,5 Zins. Annuität 13,6%	DM 748,–
Schornsteinfeger, Emissionsmessungen	DM 150,–
Wartung, Reparatur, Reinigung, Strombedarf	DM 402,–
Zusammen pro Jahr:	DM 1.300,–

Brennstoffkosten bei einem gut gedämmten Einfamilienhaus, 125 m^2 Wohnfläche:

zum Heizen	3200 l	
für Warmwasser	600 l	
zusammen	3800 l zu DM 0,60 =	DM 2.280,–
Gesamtkosten für Heizung und Warmwasserbereitung pro Jahr		DM 3.550,–

Anmerkung: Es wird davon ausgegangen, daß von der alten Ölheizung alle Anschlüsse für Strom und Schornstein sowie ein langlebiger kellergeschweißter Öltank mit Korrosionsschutz vorhanden sind.
Bei anderen Gebäudearten bzw. anderem Wärmebedarf ändern sich nur die Brennstoffkosten. Die festen Kosten ändern sich kaum.
Der Einbau einer neuen Ölheizung ist nicht steuerbegünstigt nach § 82 a EStDV. Er gehört zwar zu den durch Zuschüsse geförderten Energie-Sparmaßnahmen. Aber die Berechtigung ist in den meisten Ländern an enge sachliche und einkommensmäßige Voraussetzungen gebunden. Daher wurde keine entsprechende Vergünstigung berücksichtigt.

Übersicht
Kosten der Gasheizung

Einmaliger Aufwand für Gasanschluß:

Anschlußgebühr des GVU	DM 2.000,–
Erdarbeiten auf Grundstück	DM 1.000,–
Installationsleitung im Keller	DM 500,–
Entfernen der alten Ölheizung	DM 500,–
zusammen:	DM 4.000,–
Kapitaldienst: 20 Jahre, 8,5% Zinsen, = Annuität 10,6%	DM 424,–/J.

Anlageninvestition:

Gasheizkessel mit atmosphärischem Brenner	DM 2.500,–
Gasboiler mit atmosphärischem Brenner	DM 700,–
Installationskosten	DM 300,–
zusammen:	DM 3.500,–
Kapitaldienst: 12 Jahre, 8,5% Zinsen, = Annuität 13,6%	DM 476,–/J.

Wärmebedarf bei gut gedämmten Einfamilienhaus, Wohnfläche 125 m^2.
Vorher: Ölverbrauch für Heizung 3.200 l/Jahr, Wirkungsgrad der Öl-Kombiheizung 75%. Wirkungsgrad der Gasheizung 77%.

Entspricht: $\frac{3200 \times 8700 \times 0.75}{860 \times 0.77}$ = 32.000 kWh/Jahr

dazu Warmwasserbedarf = 5.000 kWh/Jahr

Gasbedarf insgesamt = 37.000 kWh/Jahr

			Berechnung verschiedener Gastarife	
Tarife in DM/kWh		**0,04**	**0,06**	**0,066**
Brennstoffkosten pro Jahr		1.480,–	2.200,–	2.440,–
Feste Kosten pro Jahr:				
Annuitäten: DM 424,– + DM 476,– =	DM 900,–			
Grundpreis GVU	DM 360,–			
Schornsteinfeger, Messungen	DM 100,–			
Wartung, Reparatur, Strom	DM 200,–			
Feste Kosten, zusammen	DM 1.560,–	1.560,–	1.560,–	1.560,–
Gesamtkosten für Heizung und Warmwasserbereitung pro Jahr:	= DM	3.040,–	3.760,–	4.000,–

Anmerkung: Der Arbeitspreis von DM 0,04 entspricht dem Niveau 1980/1981. Der Preis von DM 0,06 entspricht dem Öl-Äquivalent bei DM 0,60/l. DM 0,066 entspricht einem Gaspreis von 10% über dem Öläquivalent.
Bei anderen Gebäudearten bzw. anderem Wärmebedarf ändern sich nur die Brennstoffkosten. Die festen Kosten bleiben praktisch gleich.
Der Einbau der Gasheizung ist nicht steuerbegünstigt nach § 82 a EStDV.

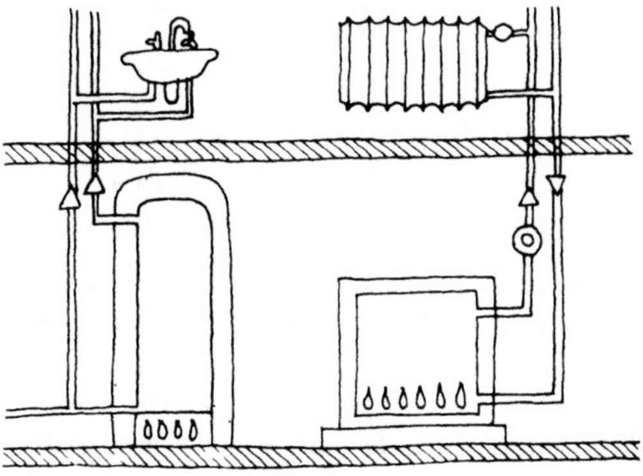

Bei der Gasheizung ist die Verwendung von getrennten Kesseln für Heizung und für Brauchwasser wirtschaftlicher als die Verwendung von Kombi-Kesseln.

Vorteile eines Spezial-Gaskessels mit Atmosphärenbrenner sind:

- ein um etwa 2–3% höherer Jahreswirkungsgrad wegen der bei diesen Kesseln möglichen niedrigen Kesseltemperatur im Herbst und Frühjahr. Hierdurch entstehen geringere Stillstandsverluste;
- niedrigere Anschaffungskosten im Vergleich zu Ölheizungen oder Gaskesseln mit Gebläsebrenner;
- niedrigere Kosten für Wartung und Schornsteinfeger.

Trennen Sie auf jeden Fall Heizung und Boiler. Denn ein Gasboiler hat einen Jahreswirkungsgrad von etwa 65% und macht sich deshalb bald bezahlt.
Für die Gasleitung im Keller sowie für die Anschaffung und Montage des Gasheizkessels und des Boilers mit Atmosphärenbrenner müssen Sie mit etwa DM 4 500,– rechnen.
Die Übersichten zeigen die Heizungspreise für Öl und Gas auf der Grundlage der Preise im Winter 1979/1980 sowie unter der Annahme, daß der Gaspreis sich in einigen Jahren auf einen 10% über dem Ölpreis liegenden Wert einpendelt. Bei diesem Vergleich wird deutlich:

- Vor der Umstellung auf die Edelenergie Erdgas sollten Sie durch Wärmedämmung den Energieverbrauch Ihres Hauses senken.
- Mit der Umstellung spekulieren Sie darauf, daß der Erdgaspreis künftig unter dem vergleichbaren Heizölpreis liegen wird. Sonst lohnt es sich nicht.

Ist Erdgas versorgungssicher?

Um die Versorgungssicherheit von Erdgas beurteilen zu können, sind folgende Angaben über dessen Herkunft interessant:

		1979	1990*
– Inland		38%	23%
– „sichere" westliche Gebiete: (Holland, Nordsee)		47%	37%
– Sowjetunion		15%	14%
– Algerien (Flüssiggas) und Iran		–	26%

Die Versorgungssicherheit ist also wesentlich besser als beim Heizöl, das zu über 80% aus den politisch instabilen und durch ihre Preispolitik berüchtigten OPEC-Ländern stammt.

Vom Endenergieverbrauch der deutschen Haushalte entfallen 61% auf Heizöl und sonstige Mineralölprodukte, 14% auf Erdgas. Der Anteil von Erdgas am Endenergieverbrauch wird bis 1985 auf etwa 18% ansteigen.* Stärker läßt sich die Erdgasversorgung kaum ausweiten. Die Bezüge sind durch langfristige Lieferverträge (die hoffentlich von den Lieferanten immer erfüllt werden) geregelt. Bei einer längeren Störung der Ölzufuhr würde es mit großer Wahrscheinlichkeit auch bei den anderen Energieträgern – Erdgas, Kohle und Strom – zu einer Rationierung kommen. Ob Sie in diesem – voraussichtlich und hoffentlich nicht eintretenden – Ernstfall noch genügend Erdgas für Ihre Zentralheizung erhalten, ist also recht fraglich.

Umsteigen auf Elektroheizung?

Elektrischer Strom wird aus Braunkohle, Kohle, Erdgas oder mit Hilfe von Kernkraft hergestellt. Die Anteile dieser Primärenergien an der Stromerzeugung sind:

Braunkohle	31%
Steinkohle	25%
Erdgas	19%
Kernkraft	12%
Öl	6%
Wasserkraft	6%
sonstige	1%

Moderne Kraftwerke erreichen einen Wirkungsgrad von 45%. Da aber ein großer Teil der bei uns arbeitenden Werke aus den fünfziger und sechziger Jahren stammt, liegt der durchschnittliche Wirkungsgrad bei 35%. Für drei Tonnen Kohle erhalten wir also den Gegenwert von 1 t Energie. Strom ist eine „Edelenergie": Sauber, auch in kleinen Mengen gut einsetzbar und regelbar. Strom läßt sich – wenn er erzeugt und am Ort des Verbrauchs angekommen ist – fast verlustlos in Wärme umsetzen.

*Quelle: Ruhrgas AG

Aber: Der Strom ist teuer. Das zeigen folgende Vergleichszahlen für die Heizung:

- 1 kWh Strom = 860 kcal kostet DM 0,15 bei einem Wirkungsgrad von 97%.
- 1 l Heizöl = 8 700 kcal kostet DM 0,60 bei einem Wirkungsgrad von 75%.

Pro Netto-Leistung von 10 000 kcal betragen also die Kosten bei

$$\text{Strom} \quad \frac{10\,000 \cdot 0{,}15 \cdot 100}{860 \cdot 97} = \text{DM } 1{,}80$$

$$\text{Heizöl} \quad \frac{10\,000 \cdot 0{,}60 \cdot 100}{8\,700 \cdot 75} = \text{DM } 0{,}92$$

Die Brennstoffkosten der mit Strom betriebenen Heizung sind also doppelt so teuer wie bei Öl. Das gilt für Elektro-Heizlüfter und auch für fest eingebaute Elektro-Heizungen. Wie ist es aber mit dem sogenannten Nachtspeicherofen?

Nachtstromheizung

Die zur Versorgung mit Grundlast benötigten Kraftwerke werden wegen der höheren Wirtschaftlichkeit als Großkraftwerke gebaut. Das gilt für Kohle, Braunkohle und Kernkraft. Die Leistung dieser Kraftwerke beträgt oft 600 MW (Megawatt), d.h. 600 000 Kilowatt. (Das entspricht der Stromaufnahme von 2 Millionen Farbfernsehern.) Ein solches Kraftwerk kann nachts, wenn Haushalte und Industrie weniger Strom verbrauchen, nicht einfach abgestellt werden; es muß durchlaufen. Dabei wird Strom erzeugt. Die Energieversorgungsunternehmen sind daran interessiert, den in dieser nächtlichen Schwachlastzeit zwangsläufig anfallenden Grundlast-Strom zu verkaufen. Sie machen daher sogenannte Sonderangebote, so etwa den Nachtspeicherstrom. In einer besonders konstruierten Elektroheizung wird nachts der Strom in Wärme verwandelt und in einem gegen Wärmeverluste gut gedämmten Schamotte-Kern gespeichert. Der Schamotte-Kern wird nachts auf 400 °C erhitzt. Über Tag, wenn das Zimmer geheizt werden soll, werden thermostatisch gesteuerte Lüftungsklappen im Ofen geöffnet; die Zimmerluft streicht über den heißen Schamotte-Kern und wird erwärmt, der Kern kühlt langsam aus. Nachts wiederholt sich dieser Prozeß. Durch Thermostate, elektronische Regelungen und eine sogenannte Rundsteuerung, bei der Steuerungsimpulse im Stromnetz den Ofen je nach der am nächsten Tag erwarteten Wetterlage mehr oder weniger stark aufladen, läßt sich der Nachtspeicherofen völlig automatisch regeln.

Nachtspeicheröfen eignen sich vorzüglich dazu, den Heizungskomfort in älteren Mietshäusern zu verbessern und alte Kohleöfen abzulösen. Das Hinauftragen der Kohle aus dem Keller, das Anzünden des Ofens am Morgen, das Entaschen und ähnliche unbequeme Arbeiten entfallen. In den letzten 20 Jahren wurden daher drei Millionen Nachtspei-

cheröfen installiert, überwiegend zur Modernisierung von Mietwohnungen in älteren Gebäuden. Jedes Jahr werden es 300 000 mehr.
Der Arbeitspreis für Nachtspeicherstrom schwankt von Stadt zu Stadt, beträgt aber in der Regel etwa DM 0,08 kWh; die Grundgebühr ist verhältnismäßig niedrig. Der Wirkungsgrad liegt bei etwa 95%.
Bezogen auf die Netto-Leistung von 10 000 kcal, betragen also die Kosten bei

$$\text{Nachtstrom} \quad \frac{10\,000 \cdot 0{,}08 \cdot 100}{860 \cdot 0{,}95} = \text{DM } 0{,}98$$

$$\text{Heizöl} \quad \frac{10\,000 \cdot 0{,}60 \cdot 100}{8\,700 \cdot 0{,}75} = \text{DM } 0{,}92$$

Auf der Grundlage der heutigen Preise besteht also bei den Brennstoffkosten zwischen Nachtstrom und Öl kein großer Unterschied. Bleibt das so?

Nachtstrompreis

Die vielen bereits installierten Speicheröfen brauchen nachts, wenn sie aufgeladen werden, viel Strom. Bei vielen Elektrizitätsversorgungsunternehmen besteht daher keine Schwachlastzeit mehr und sind die Verteilernetze nachts voll ausgelastet. Die Elektroversorgungsunternehmen (EVU) haben daher wenig Interesse daran, zusätzlichen Nachtspeicherstrom zu Billigstpreisen zu verkaufen, oder es ist technisch nicht mehr möglich, zusätzlichen Nachtstrom durch das Netz zu leiten.
Erkundigen Sie sich daher zuerst, ob eine Belieferung mit Nachtspeicherstrom für Ihr Haus überhaupt möglich ist. In vielen Fällen werden Anschlußkosten verlangt, falls eine stärkere Zuleitung vom Versorgungskabel zu Ihrem Haus notwendig wird.
Nachtspeicherstrom ist ein Sonderangebot, das für die Stromerzeuger und Verteiler nur solange interessant ist, als ein nächtliches Überangebot von Strom besteht. Dieser für den Stromverbraucher nützliche Zustand wird aber schon bald aufhören. Denn wegen der dauernden Verzögerungen beim Ausbau neuer Kohle- und Kernkraftwerke reichen die Kapazitätsreserven in der Stromerzeugung voraussichtlich schon ab 1983 nicht mehr aus, um alle Ansprüche an die Grundlast zu befriedigen. Und weil der Bau neuer Kohle- und Kernkraftwerke von der Planung bis zur Inbetriebnahme etwa 8 Jahre dauert, werden Sie sich schon bald auf Strommangel einstellen müssen. Andere Verbraucher, z.B. die Industrie, werden daher auf Nachtstrom abgedrängt, so daß nachts mit einer Übernachfrage statt mit einem Überschuß gerechnet werden muß.
Keine sehr günstigen Voraussetzungen also, um weiterhin Sonderpreise für den Nachtspeicherstrom erwarten zu können. Außerdem werden auch die Stromkosten mit wachsenden Preisen für Kohle und Erdgas ansteigen: Das Umwandlungsverhältnis von 3 kcal Kraftwerkskohle zu 1 kcal erzeugten Strom zeigt, daß die Strompreise von den Brenn-

stoffkosten abhängen. Und je mehr Luft die stark subventionierten Kohlepreise durch den Anstieg des Preisführers Heizöl erhalten, um so mehr werden sie angehoben. Die Chancen, daß die Spekulation „Nachtstromtarife steigen langsamer als Heizölpreise" in den nächsten 5–10 Jahren aufgeht, scheinen also nicht sehr günstig zu sein.

Kosten der Nachtstromheizung

Die Kosten des Einbaues von Nachtspeicheröfen hängen stark davon ab, welche zusätzlichen Installationsarbeiten in Ihrem Eigenheim notwendig sind und ob Ihr EVU die Geräte auch tagsüber aufladen läßt.
Wenn der Querschnitt Ihrer Versorgungsleitung ausreicht, um die hohen Ladeströme der Speicherheizung aufzunehmen, wird Ihr EVU keine Anschlußkosten berechnen. Eine telefonische Anfrage genügt, um dies zu klären. Wenn neue Zuleitungskabel von der Straße oder gar vom nächsten Kabelverteiler verlegt werden müssen, wird es teuer. Das kann leicht DM 5 000,– bis DM 10 000,– Anschlußgebühr kosten.
In den meisten Fällen müssen im Haus neue Kabel verlegt werden. Die Nachtspeicheröfen selber kosten je nach Größe und Ausführung etwa DM 1 000,– pro Stück. Sie müssen bei einer nachträglichen Ausrüstung Ihres Heimes mit Kosten von etwa DM 10 000,– rechnen. Das übersteigt die Kosten einer neuen, modernen Ölzentralheizung mit Brenner erheblich.
Wenn Sie also vor der Frage stehen: „Soll ich meine veraltete Zentralheizung erneuern oder auf Elektro-Nachtspeicher umsteigen?" dann sollten Sie den in der Übersicht dargestellten Kostenvergleich auf der Grundlage der von Ihrem Energieversorgungsunternehmen angebotenen Tarife sowie eines Kostenvoranschlags Ihres Elektromeisters mit aktuellen Zahlen nachvollziehen, vorausgesetzt natürlich, daß Ihr EVU Ihnen überhaupt Nachtspeicherstrom bereitstellen kann.
Überlegen Sie, ob Sie einen zentralen Blockspeicher einbauen wollen oder einzelne Nachtspeicheröfen in jedem Zimmer. Bei zentralem Blockspeicher wird die Energie in einem im Keller untergebrachten Block gespeichert und dann als warmes Wasser den Zentralheizungskörpern zugeführt. Der Vorteil: Sie können den Blockspeicher im Heizungskeller unterbringen und Ihre Heizkörper weiterhin benutzen. Der Nachteil: Wegen der Abstrahlungsverluste im Rohrleitungsnetz gehen etwa 3% der gespeicherten Energie verloren. Aber nur wenn das EVU auch tagsüber ein „Nachladen" des Speichers zuläßt wird der Blockspeicher preiswert.
Beim Einbau einzelner Nachtspeicheröfen entstehen in der Regel Installationskosten für die Verlegung stärkerer Kabel. Der Vorteil ist jedoch, daß Sie jeden Raum einzeln heizen können und die Speicheröfen in zeitweilig nicht benutzten Räumen nachts nicht aufzuladen brauchen. Das ist wirtschaftlicher.
Lassen Sie sich von Ihrem Installateur eine Vergleichsrechnung für die Investitionskosten machen, bevor Sie sich für eines der beiden Systeme entscheiden.

Übersicht

Kosten der Nachtstromspeicher-Heizung

Einmaliger Aufwand und Anlageninvestitionen:

Anschlußgebühr des EVU (örtlich sehr unterschiedlich!)	DM	2.000,–
Kabel- und Installationsarbeiten im Haus einschließlich Rundsteuerung, Außenfühler sowie Entfernung der alten Zentralheizungskessel	DM	3.000,–
Nachtspeicheröfen bzw. Speicherblock	DM	6.000,–
Warmwasserboiler für Nachtstrom	DM	1.500,–
Gesamtaufwand	DM	12.500,–

Annuität bei 20 Jahren, Zins 8,5% = 10,6%

Wärmebedarf eines gut gedämmten Einfamlienhauses, Wohnfläche 125 m^2 bei Ölverbrauch von 3.200 l. Jahreswirkungsgrad der Ölheizung 75%. Jahreswirkungsgrad der Nachtspeicherheizung 95%:

Entspricht: $\frac{3200 \times 8700 \times 0,75}{860 \times 0,95}$ = 26.000 kcal/Jahr

dazu Warmwasserbedarf	4.000 kcal/Jahr
Strombedarf, insgesamt	30.000 kcal/Jahr

Nachtstromtarif: DM 0,08/kWh

Stromkosten pro Jahr	DM	2.400,–

Feste Kosten

Annuität 10,6% von DM 12.500,–	DM	1.325,–
Grundgebühr des EVU	DM	60,–
Wartung und Reinigung	DM	100,–
Gesamtkosten für Heizung und Warmwasserbedarf pro Jahr	DM	3.885,–

Anmerkung: Der Einbau einer Nachtstromspeicherheizung ist nicht steuerbegünstigt nach § 82 a EStDV. Er gehört zwar zu den durch Zuschüsse geförderten Sparmaßnahmen, aber die Berechtigung für diese Zuschüsse ist sachlich und nach dem Einkommen des Empfängers in den meisten Ländern stark eingeschränkt.
Daher wurde keine entsprechende Förderung berücksichtigt.

Brauchwasser durch Nachtstrom

Wenn Sie auf Nachtspeicherstrom umstellen, müssen Sie auch Ihr Brauchwasser elektrisch aufheizen. Auch dabei lohnt sich ein Vergleich zwischen zentraler Speicherung und Einzelgeräten. Bei der zentralen Speicherung mit Nachtstrom können die vorhandenen Wasserleitungen weiterhin benutzt werden. Allerdings strahlen diese Energie an die Wände ab. Aber Sie sparen die Verkabelung der einzelnen Geräte, und der Nachtstrom ist billiger als der für Einzelgeräte notwendige normale Tarifstrom. In den meisten Fällen wird daher die zentrale Brauchwasserbereitung die günstigste Lösung sein.
Bei entfernt liegenden Zapfstellen, die nur wenig warmes Wasser benötigen – wie z.B. Waschbecken in Gäste- oder Kinderzimmern – könnte ein Kleinspeicher zweckmäßig sein.
Ob mehrere dezentral, z.B. in Küche und Bad/Dusche angebrachte Nachtstromspeicher wirtschaftlicher sind als ein einzelner zentraler Warmwasserspeicher im Keller, hängt im wesentlichen von den Installationskosten (Kabelzuführungen) ab. Nur in wenigen Fällen dürfte dies der Fall sein.
Wenn Sie sich für Nachtstrom entschieden haben, überlegen Sie, ob Sie bei Geschirrspüler, Waschmaschine und Wäschetrockner Geld sparen wollen. Denn diese Stromfresser arbeiten mit dem billigen Nachtstrom, wenn Sie erst spät abends eingeschaltet werden. Sie sparen dann etwa 50% der Stromkosten. Dies kann bei einem 4-Personenhaushalt jährlich DM 100,– bis 200,– ausmachen.

11 Lohnt sich die Sonnenenergie-Heizung?

Wie funktioniert die sogenannte „Solarheizung"? Was ist nötig, um die Energie der Sonne zum Heizen nutzbar machen? Wieviel kostet das und wieviel spart man dadurch ein? Diese Fragen interessieren Millionen von Eigenheimbesitzern. Bei Ausstellungen sind Solarheizungen von Neugierigen umlagert. Journalisten greifen jede neue Meldung aus diesem Gebiet begierig und oft ungeprüft auf. Politiker befriedigen damit ihren Profilierungsdrang. Was steckt wirklich dahinter?
Zunächst eine gute Nachricht. Die Sonnenstrahlung, die jährlich auf jeden Quadratmeter der Erdoberfläche in Westeuropa einfällt, entspricht dem Energiegehalt von 50 l Heizöl. Die Sonne ist ein riesiger Fusionsreaktor, in dem Helium bei enorm hohen Temperaturen aus Wasserstoff erzeugt wird. Würde die Strahlung dieser unerschöpflichen Energiequelle als Heizöl niederregnen, dann hätten wir einen ständigen Heizöl-Nieselregen, der am Jahresende 5 cm hoch stehen würde. Nach einigen Jahren würden wir im Heizöl ertrinken. Theoretisch spendet die Sonne also mehr als genug Wärme: Den Ölbedarf für Ihr Eigenheim könnten Sie schon auf einer Dachfläche von 80 m^2 einfangen. Theoretisch!
Aber jetzt kommen leider die schlechten Nachrichten:
Die Wärmestrahlung der Sonne ist im Sommer sehr stark, im Winter sehr schwach. Die Möglichkeiten, die schwache Strahlung im Winter in Wärme umzuwandeln, sind sehr begrenzt. Und es gibt kein wirtschaftliches Verfahren, Wärme im Sommer einzufangen und bis zum Winter aufzuheben, also zu speichern.
Weil diese beiden Probleme – Auswertung der schwachen Sonnenstrahlung zu Heizzwecken im Winter, Speicherung der im Sommer einfallenden Energie – noch nicht gelöst sind, hat es die Solarheizung bei uns sehr schwer. Anders ist das in südlichen Gebieten, z.B. in Portugal oder in Florida: Dort strahlt auch im Winter viel Sonne. Daher braucht man auch wenig zu heizen. Mit der Solarheizung ist es also wie mit den Eskimos und den Kühlschränken: Dort, wo sie gut funktioniert, besteht kaum Bedarf.

Funktionsweise der Solarheizung

Wie funktioniert die Solarheizung? Die nebenstehende Abbildung zeigt das Funktionsschema. Der aktive Teil der Anlage sind die Sonnenkollektoren: flache Blechkästen mit einer Glasscheibe davor. Die Sonnenstrahlen treffen auf den schwarzen Boden des Kastens und setzen sich dort in Wärme um. Der schwarze Blechboden ist von einem Röhrennetz durchzogen. Hierdurch fließt eine Flüssigkeit, der „Wärmeträger".
Dieser entzieht der Bodenplatte Wärme, kühlt sie dabei also ab und erwärmt sich dabei. Die Glasscheiben **verhindern**, daß die im Kollektor eingefangene Energie wieder nach

außen zurückstrahlt, ähnlich wie bei einem Treibhaus. Die Wärmeträger-Flüssigkeit wird mittels einer Pumpe zu einem Wärmetauscher befördert. Dort strömt sie durch Rohre, die in einem mit Wasser gefüllten Behälter angebracht sind. Diese Flüssigkeit (meist mit Frostschutzmittel versetztes Wasser) gibt seine Wärme an das im Behälter befindliche Kesselwasser ab. Bei Bedarf wird das heiße Wasser durch die Heizkörper gepumpt. Eine automatische Steuerung erspürt mit Differentialthermostaten, ob die Temperatur des Kesselwassers niedriger ist als die der durch die Solarkollektoren laufenden Flüssigkeit. Solange dies der Fall ist, laufen die Pumpen und bewerkstelligen den Wärmeaustausch zwischen Kollektoren und Kesselwasser; so lange wird also das Kesselwasser aufgeheizt. Wenn eine Wolke die Sonne verdeckt oder wenn es regnet, sinkt die Temperatur der Kollektorflüssigkeit rasch unter die des Kesselwassers und würde dieses durch den Wärmetauscher abkühlen. Die Pumpen werden daher automatisch gestoppt, bis die Sonne wieder kräftig genug strahlt.

Wenn der Zimmerthermostat nach Kesselwasser ruft, wird dies durch die Heizungskörper im Zimmer gepumpt, und das Kesselwasser gibt seine Wärme an den Raum ab.

Was geschieht aber, wenn direkte Sonnenstrahlung längere Zeit ausbleibt, wenn es regnet oder schneit? Dann liefert der Kollektor praktisch keine Energie mehr an das Kesselwasser. Ist der Kessel genügend groß – etwa 3 bis 6 m^3 –, dann hat er genügend Energievorrat (warmes Wasser) gespeichert, um die Heizung auch an zwei bis drei sonnenschwachen Tagen zu versorgen. Dann aber muß eine andere Heizquelle einspringen, in der Regel eine Öl-Zentralheizung, auch dann, wenn die Heizkörper zur Beheizung

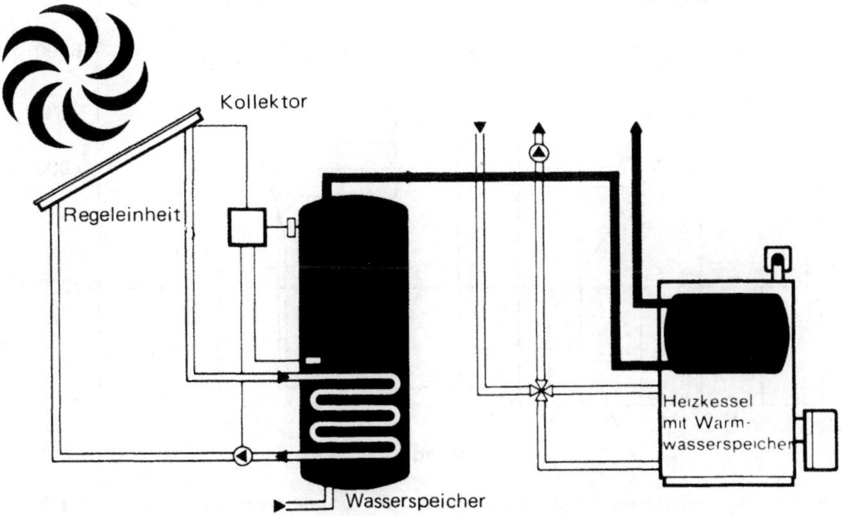

Prinzip der Solarheizung für Brauchwasser mit Kollektor + Ölheizung

der Wohnung wärmeres Wasser benötigen als im Kessel vorhanden ist. Dann muß das Kesselwasser entsprechend aufgewärmt werden, entweder elektrisch oder mit einem Ölheizungskessel.

Aus dieser Schilderung der Solarheizung wird deutlich:

- Je größer der Heißwassertank, um so besser kann die Anlage auch sonnenlose Tage überbrücken und umso weniger Nachheizenergie durch Öl oder Strom wird benötigt.
- Wenn die Heizkörper mit möglichst geringer Temperatur auskommen, kann die im Heißwassertank gespeicherte Energie besser ausgenutzt werden.

Bei bevölktem Himmel liefern die Kollektoren nur noch warmes, kein heißes Wasser mehr. Sogenannte Niedertemperatur-Heizungen eignen sich daher besonders gut für die Solarenergie. Niedertemperatursysteme sind die Fußbodenheizung (die mit Vorlauftemperaturen von 35 °C auskommt) oder besonders große Konvektorheizkörper, bei denen eine Vorlauftemperatur von 45 °C ausreicht. Die herkömmlichen Rippen-Heizkörper, die hohe Vorlauftemperaturen benötigen, sind für die Solarheizung schlecht geeignet.

Der Warmwasserspeicher läßt sich nicht beliebig groß bauen, denn das wird zu teuer. In der Praxis liegt das Optimum bei einer Speichergröße von etwa 8 m^3. Damit kann ein Zeitraum von fünf bis sieben sonnenschwachen Tagen überbrückt werden.

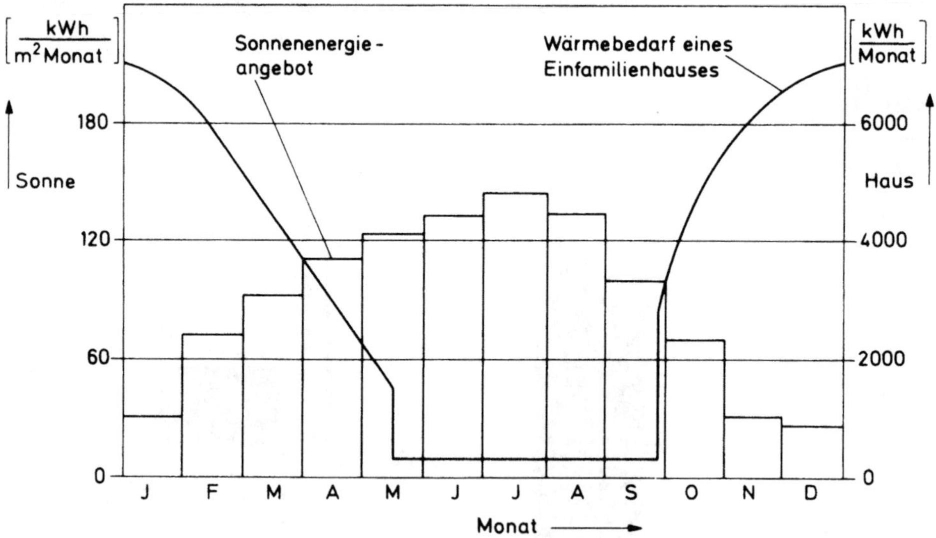

Wärmebedarf und Sonnenenergie im Jahresrhythmus: die Sonne kann den Energiebedarf von Oktober bis März nicht decken! (schematische Darstellung E. Saurer)

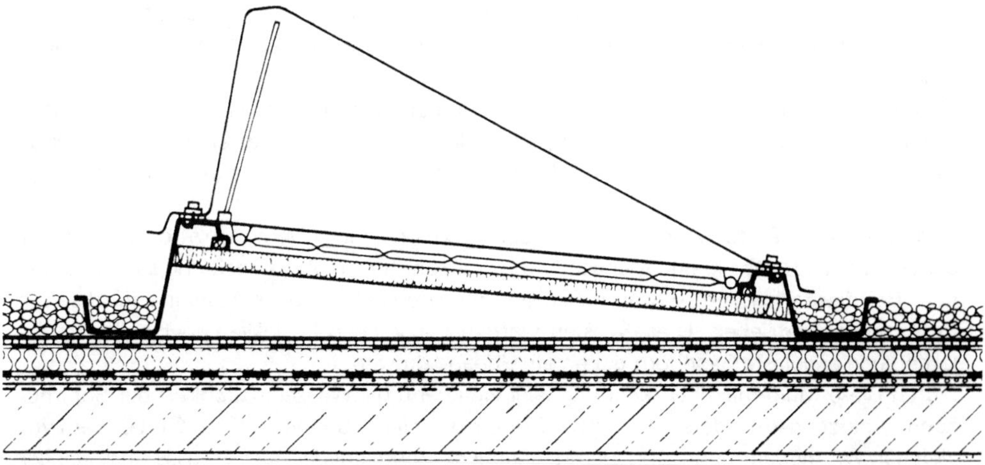

Flachdachkollektor der Firma Klaus Esser mit Spiegelreflektor für die nachträgliche Ausrüstung

Kosten der Solarheizung

Der nachträgliche Einbau einer Solarheizung erfordert meist erhebliche und teure Umbauten. Auf dem Dach müssen die Solarkollektoren in Südrichtung aufgestellt werden. Ein Umstand, der dabei oft vergessen wird, ist die Windlast. Denn die Kollektoren bieten bei Sturm eine große Widerstandsfläche, es entstehen beträchtliche Winddruck- und -sogkräfte. Diese müssen von der Dachkonstruktion aufgenommen werden können, ohne daß Dach oder Dachhaut undicht oder beschädigt werden. Sonnenkollektoren sollten auf einem geneigten Dach nur montiert werden, wenn die Dachneigung nach Süden gerichtet ist und einen Winkel zur Senkrechten von 30–50° bildet. Sonst fangen die Kollektoren im Herbst und Frühjahr nicht genug Sonnenstrahlung ein.
Für Flachdächer bieten sich einfache Lösungen: Ein spezieller Flachdachkollektor läßt sich auf dem Dach befestigen, ohne die Dachhaut zu beschädigen. Ein eingebauter Reflektor erhöht die wirksame Fläche. Und vor allem. Er ist von der Gebäudeausrichtung unabhängig und kann immer nach Süd-Osten, d.h. in die günstigste Richtung, ausgerichtet werden.
Bei Altbauten entstehen beim Einbau einer Solarheizung erhebliche Kosten für die Installation von Zu- und Ableitungen zwischen dem Keller (wo Wasserspeicher-Kessel sowie Heizung stehen) und dem Dach, auf dem die Kollektoren montiert werden. Diese Verbindungsleitungen können beim Neubau mitgeplant werden.
In der Praxis wird für die Raumheizung (also nicht für die Brauchwasserbereitung) eines Einfamilienheimes eine Kollektorfläche von 40 m^2 und ein Speicherkesselinhalt

von 5–8 m^3 benötigt. In unserem Klima kann eine solche Solaranlage etwa 40% des gesamten Energiebedarfs für die Heizung aus der Sonne decken. Der Rest (also 60%) muß aus Öl oder Strom gewonnen werden.
Gerade bei einer Solarheizung kommt es darauf an, alle Möglichkeiten zur Wärmedämmung des Hauses voll auszuschöpfen, denn dann kann die im Kessel gespeicherte Wärme auch an kälteren, sonnenarmen Tagen noch einen Teil der benötigten Heizenergie liefern.
Fernsehen und Zeitung berichten oft über „Solarheizungs-Demonstrationshäuser", in denen nur noch sehr kleine Mengen Öl oder Strom für die Zusatzheizung benötigt werden. Bei diesen Häusern wurde meist ein unwirtschaftlich hoher Aufwand für die Wärmedämmung getrieben. Diese Kosten werden bei solchen Projekten aber nicht der Solarheizung angelastet, sondern gelten als Gebäudekosten.
Durch diese Milchmädchenrechnung läßt sich dann die Wirtschaftlichkeit der Solarheizung „überzeugend" darstellen. Aber nur ein Vergleich Sonnenenergie – Öl, bei dem von gleicher Wärmedämmung und damit gleichem Energiebedarf des Hauses ausgegangen wird, bildet die Grundlage für eine realistische Beurteilung der Wirtschaftlichkeit der Solarenergie.
Wie bereits erwähnt, wird für die Solarheizung immer eine Zusatzheizung (Öl, Strom oder Gas) benötigt. Sie wird im Winter zugeschaltet, wenn der Bedarf für Strom und Gas durch den normalen Verbrauch bereits einen Spitzenwert erreicht. Aus diesem Grund sind die Energieversorgungsunternehmen nicht daran interessiert, den Lückenbüßer zu spielen und Sonderpreise ausgerechnet während des Spitzenbedarfs zu bieten. Nachtspeichertarif kommt deshalb für die Solarheizung nicht in Frage, Erdgas nur in wenigen Fällen. Der Einsatz von Strom als Zusatzheizung für die Solarenergie ist im Vergleich zu Öl recht teuer. Denn pro 10 000 kcal kostet der elektrische Strom beim Normaltarif etwa DM 1,80, das Heizöl etwa 0,92, bezogen auf den Netto-Heizwert unter Berücksichtigung der unterschiedlichen Kesselwirkungsgrade.
Die Koppelung einer Solarheizung mit der Ölheizung ist deshalb zweckmäßig. Im Vergleich zur normalen Ölheizung spart deshalb die Solarheizung keine Kosten für Betrieb, Kapitaldienst oder Wartung der Ölheizung. Sie vermindert nur den Ölverbrauch um ca. 40%.
Die nebenstehende Übersicht vergleicht die Kosten der Solarheizung mit denen einer konventionellen Ölheizung. Außerdem werden die Kosten der Brauchwasserbereitung miteinander verglichen.
Bei nachträglichem Einbau einer Solarheizung fallen hohe Kosten für Installationsarbeiten sowie für die Verbindung zwischen Dach und Keller an. Außerdem ist der Wirkungsgrad schlecht, weil bestehende Häuser keine Niedertemperaturheizung haben und deren nachträglicher Einbau schwierig ist. Es muß deshalb ein größerer Teil des Wassers durch Elektro- oder Ölheizung auf die notwendige Vorlauftemperatur gebracht werden.
Auf die Kombination von Solarheizung und Ölheizung kann verzichtet werden, wenn für das Nachheizen Strom verwendet wird. Das dürfte von manchen Energieversorgungs-

Übersicht

Kosten der Solarheizung

Bivalentes System: Solarkolletoren mit Ölheizung

Anlageninvestitionen:

Solarkollektoren, 40 m^2, einschließlich Einbau und Befestigung auf Dachfläche	DM 20.000,–
Speichertank, Wärmetauscher, Steuerungen, Umwälzpumpen. Vorhandene Heizkörper werden genutzt.	DM 8.000,–
Installationskosten (Altbau)	DM 4.000,–
Anlagekosten insgesamt	DM 32.000,–
Abzüglich Steuervergünstigung, 25%	DM 8.000,–
Es verbleiben	DM 24.000,–

Brennstoffverbrauch eines gut gedämmten Einfamilienhauses, Wohnfläche 125 m^2 für Heizung und Warmwasserbereitung: 3.800 l Heizöl/Jahr

Davon spart die Solarheizung etwa 40% = 1.500 l/Jahr

Mehrkosten der Solarheizung:

Kapitaldienst: 10 Jahre Abschreibung, Zinsen 8,5% Annuität 15,2%	DM 3.648,–
Reparatur und Wartung, Strom für Umwälzpumpen	DM 452,–
Mehrkosten pro Jahr	DM 4.000,–
Einsparung: 1.500 l x DM 0,60	DM 900,–
Mehrkosten der bivalenten Solarheizung im Vergleich zu einem konventionellen, modernen Spezial-Kombi-Ölkessel pro Jahr	DM 3.200,–

Resultat: Die Solarheizung ist nicht rentabel. Sie verursacht hohe Mehrkosten. Daran würde sich auch bei einer längeren Abschreibungsfrist nichts Entscheidendes ändern.

Anmerkung: Eine konventionelle Ölheizung bleibt notwendig, weil die Solarkollektoren im Winter nicht genügend Wärme liefern. Daher fallen die festen Kosten dieser Ölheizung (Annuität, Wartung, Schornsteinfeger usw.) weiter an. Sie können also nicht als Einsparung berücksichtigt werden.

Übersicht

Kosten der Solar-Warmwasserversorgung

Bivalentes System: Solarkollektoren mit Ölheizung

Anlageninvestitionen:

Solarkollektoren, 6 m^2 einschließlich Einbau und Befestigung auf dem Dach	DM	3.000,–
Speichertank, Wärmetauscher, Steuerung, Umwälzpumpe	DM	4.000,–
Installationskosten (Altbau)	DM	2.000,–
Anlagekosten insgesamt	DM	9.000,–
Abzüglich Steuervergünstigung bzw. Zuschuß, 25%	DM	2.250,–
Es verbleiben	DM	6.750,–

Ölverbrauch für die Warmwasserbereitung bei einem Öl-Kombikessel älterer Bauart (ohne Sparmaßnahmen!) 800 l/Jahr.

Davon spart die Solaranlage 60% = 480 l/Jahr.

Mehrkosten der Solaranlage:

Kapitaldienst: 10 Jahre Abschreibung, Zinsen 8,5% Annuität 15,2%	DM	1.026,–
Reparatur, Wartung, Strom für Umwälzpumpe	DM	200,–
Mehrkosten pro Jahr:	DM	1.226,–
Einsparung: 480 l x DM 0,60	DM	290,–
Mehrkosten im Vergleich zur Öl-Kombiheizung pro Jahr	DM	936,–

Resultat: Die solare Warmwasserbereitung ist nicht rentabel. Sie verursacht hohe Mehrkosten. Daran würde sich auch bei einer längeren Abschreibungsfrist nichts Entscheidendes ändern.

Anmerkung: Eine konventionelle Öl-Kombiheizung bleibt notwendig, weil die Solarkollektoren im Winter nicht genügend warmes Wasser liefern. Die festen Kosten für diese Heizung fallen also nach wie vor an.

---

unternehmen nicht zugelassen werden, weil diese kein Interesse daran haben, einen zusätzlichen Kunden zu gewinnen, der nur während der Spitzenlastzeit Strom abnimmt. Aber wenn die Anschlußgenehmigung erteilt wird (diese ist für jedes Gerät mit über 2 kW erforderlich!), wird dies vermutlich zum Normaltarif von ca. DM 0,15/kWh erfolgen und doppelt so hohe Brennstoffkosten verursachen als bei Ölheizung.
Die Kostenvergleiche zeigen: Die Solarheizung ist nicht wirtschaftlich, sondern verursacht ganz erhebliche Mehrkosten.

Solarenergie für Brauchwasser

Die Brauchwasserbereitung mit Sonnenkollektoren hat den Vorteil, daß im Sommer ein sehr hoher Anteil des Warmwasserbedarfs ohne Nachheizen befriedigt werden kann. Im Sommer liefert die Sonne etwa 80% des Brauchwasserbedarfs, im Winter etwa 30%, im Jahresdurchschnitt etwa 60%. Und gerade im Sommer ist der Wirkungsgrad der Ölheizung zur Brauchwasserbereitung schlecht etwa 25%. Die Solarheizung ermöglicht es daher, bei einem Gesamtverbrauch von 800 l Öl zur Brauchwasserbereitung etwa 450 l zu sparen. Weil aber die insgesamt einzusparende Ölmenge bei der Brauchwasserheizung nur gering ist, lohnt sich auch diese Anwendung der Solarkollektoren nicht.

Die Zukunft der Solarheizung

Wird die Solarheizung künftig einmal eine wirtschaftliche Losung des Energieproblems bieten können? Für den überschaubaren Zeitraum der nächsten fünf bis sieben Jahre scheint das fraglich. Denn die Entwicklung billiger und dennoch ausreichend wirksamer Kollektoren, die in unserem Klima bei bewölktem, naßkaltem Wetter noch genügend Sonnenstrahlung in Wärme umsetzen können, erweist sich als außerordentlich schwierig. Auch für das Problem der längerfristigen Wärmespeicherung (statt drei bis fünf Tage etwa drei bis fünf Wochen oder mehr) zeichnet sich noch keine konkrete Lösung ab. Latentwärmespeicher mit Glaubersalzfüllung bieten vielleicht eine Lösung. Diese werden z.Z. erprobt, sind aber noch nicht marktreif.
Trotzdem sollten Sie sich bei Neubauten auf die Möglichkeit vorbereiten, daß den Solar-Technikern einmal der technisch-wirtschaftliche Durchbruch gelingt. Das ist ohne zusätzlichen Aufwand bei Neubauten durch folgende Maßnahmen möglich:

- bei einem Steildach: Dachfläche in Richtung Süden ausrichten, Neigung möglichst 35–55°;
- einen Installationsschacht vom Keller bis zum Dach vorsehen, damit später die Leitung vom Kollektor zum Heizungskeller untergebracht werden können;

- Niedertemperaturheizungen (Konvektorheizkörper oder Fußbodenheizung) verwenden. Diese haben auch bei konventioneller Heizung den Vorteil eines höheren Wirkungsgrades
- genügend Platz im Keller für den nachträglichen Einbau eines Speichertanks von 5–8 m^3 vorsehen.

Damit ist Ihr Neubau „zukunftssicher".

Strom durch Solarzellen

Ohne den Umweg über Dampfkessel, Dampfturbinen und Generatoren den elektrischen Strom direkt zu erzeugen, ist ein alter Wunschtraum der Techniker. Im Prinzip ist das möglich: Der Lichtmesser Ihres Fotoapparates arbeitet nach diesem photo-voltaischen Prinzip. Und Satelliten benutzen seit über 20 Jahren Solarzellen zur Erzeugung der im Weltraum für ihre Sender benötigten Energie.

In vielen Laboratorien der Welt wird daran gearbeitet, Solarzellen für den praktischen Einsatz auf der Erde zu entwickeln.

Das Problem: Sie sind noch viel zu teuer. Derzeit (Frühjahr 1980) kostet eine Solarzelle DM 60,– pro Watt (= DM 60 000,– pro kW). Um für den Betrieb Ihres Staubsaugers, Fernsehers, Kühlschrankes und der Beleuchtung Strom zu erzeugen, müßten Sie Solarzellen im Wert von über DM 120 000,– auf dem Dach installieren. Und weil Sie auch nachts oder bei schlechtem Wetter auf ihre elektrisch betriebenen Geräte nicht verzichten wollen, benötigen Sie dazu noch Batterien, um den Strom zu speichern, ferner elektronische Steuerungen für die Ladung der Batterien, die Umwandlung des Batteriestroms in Wechselstrom usw. Solche Batterien, Lader und Wandler sind schon seit Jahrzehnten in Betrieb: für Elektrokarren, Gabelstapler, U-Boote usw. Das ist also ausgereifte Technik. Daher weiß man auch, wieviel das kostet: Für Ihre Lampen, Kühlschränke, Fernseher und Staubsauger müßten Sie nochmals etwa DM 20 000,– für Batterien und Lade-Elektronik ausgeben. Und alle drei Jahre benötigen Sie eine neue Batterie, weil diese nur etwa 1200 Ladezyklen aushält. Kostenpunkt: DM 10 000,–.

Die Zeitungen und das Fernsehen berichten oft über eine „Revolution" bei der Entwicklung billiger Solarzellen. Aber es handelt sich um Laborversuche; bis zur Massenproduktion werden noch viele Jahre vergehen. Und auch wenn der Preis für Solarzellen pro Watt von DM 60,– auf DM 0,50 sinken würde, bleiben immer noch die erheblichen Kosten für Batterie und Elektronik. Lassen Sie sich also noch Zeit, bevor Sie Ihrem Elektrizitätswerk den Liefervertrag kündigen und sich mit Solarzellen „stromautark" machen. Schön wär's ja. Aber auf diesen Augenblick werden Sie wohl noch 20 Jahre warten müssen.

Ihr Haus benötigt zum Heizen nicht 1 kW, sondern etwa 20 kW. Auch wenn also die Solarzelle einmal Ihren Strombedarf liefern könnte, wäre es noch ein langer, langer Weg, bis sie den für Ihre Heizung benötigten Energiebedarf decken kann.

12 Was kostet die Wärmepumpe?

In den letzten Jahren wurden von mehreren Herstellern Wärmepumpen für den Heizungsbetrieb entwickelt. Inzwischen bieten einige Firmen diese Geräte am Markt an. Neu ist weder das Prinzip noch das Gerät. Schon in den fünfziger Jahren experimentierten Heizungsfachleute damit, und im Süden der USA, wo im Sommer eine Kühlung durch Klimageräte, im Winter eine geringfügige Heizung notwendig ist, werden „umkehrbare" Klimaanlagen, d.h. Wärmepumpen, seit 20 Jahren betrieben.
Wie funktioniert die Wärmepumpe? Sie unterscheidet sich von herkömmlichen Heizungsanlagen dadurch, daß sie keine Energie verbrennt, sondern in einem ständigen Kreislauf die Außenluft oder das Grundwasser abkühlt (dabei also selber Wärme aufnimmt) und das Wasser für die Zentralheizung aufwärmt, die außen aufgenommene Energie dabei wieder abgibt. Sie „pumpt" also die Energie von der niedrigen Außentemperatur auf das im Zimmer erwünschte Temperaturniveau.
Dabei benutzt sie das selbe Prinzip, das von Carl v. Linde, dem Erfinder der Kältemaschine, schon vor über 100 Jahren zur Bierkühlung in Brauereien verwendet wurde.

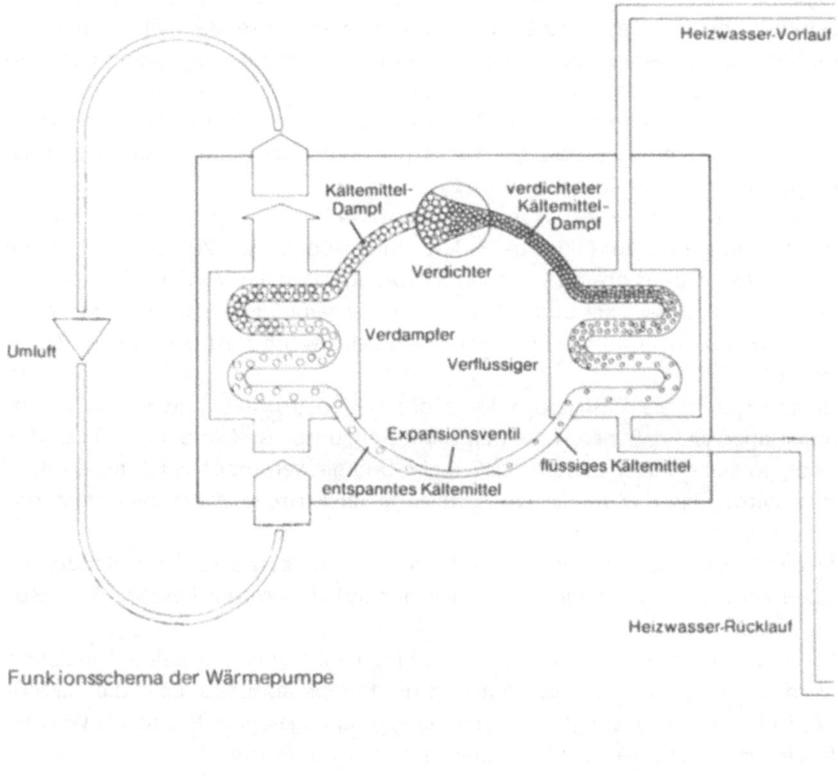

Funkionsschema der Wärmepumpe

Wenn Sie Ihren Fahrradreifen aufpumpen, setzt sich die von Ihnen geleistete Arbeit in eine Erwärmung der Luftpumpe um. Gase erwärmen sich beim Zusammendrücken, bei Ausdehnung kühlen sie ab. Dieses physikalische Gesetz machen sich Kühlschrank und Wärmepumpe zu eigen. Bei der Wärmepumpe dehnt sich eine **leicht siedende** Flüssigkeit wie **Freon** in einem Verdampfer aus. Der Verdampfer hat Kühlrippen, über die die Außenluft (oder das Grundwasser) streicht. Die Flüssigkeit nimmt dabei Wärmeenergie auf, welche die Außenluft abgibt, indem sie sich abkühlt. Der Freon-Dampf wird in einer von einem Elektromotor getriebenen Pumpe verdichtet. Wie bei der Fahrradpumpe erwärmt sich das Freon. Der Dampf strömt durch einen Wärmeaustauscher und gibt dabei seine Wärme an Heizwasser ab, das anschließend den Heizkörpern des Hauses zugeleitet wird. Der Freondampf wird durch Druckausgleich in Flüssigkeit zurückverwandelt und dem Verdampfer zugeleitet. Der Kreislauf kann von neuem beginnen.

Wärmepumpen zeichnen sich dadurch aus, daß sie zur Erzeugung von Wärme wesentlich weniger Energie verbrauchen, als dies durch Verbrennung oder durch Elektro-Direktheizung der Fall wäre. Denn sie pumpen die Temperatur nur um einige Dutzend Grade hoch.

Eine Wärmepumpe erreicht daher eine Leistungsziffer von 2.6. Das bedeutet: Für jede Energieeinheit, die für den Antrieb des Kompressors verwendet wird, liefert sie 2.6 Einheiten Heizungsenergie. Der günstige Faktor 2.6 gilt aber nur, wenn der Wärmeunterschied zwischen Außenluft und Raumluft gering ist, wenn die Wärme also nicht zu hoch gepumpt werden muß. Die Tatsache, daß mit steigender Temperaturdifferenz zwischen außen und innen die Leistungsziffer der Wärmepumpe sinkt, ist physikalisch bedingt und läßt sich **kaum** verhindern.

Und damit fängt das Problem an: Wärmepumpen arbeiten mit der guten Leistungsziffer, wenn die Temperaturen außen bei +3 °C, innen bei etwa +20 °C liegen. Wenn die Außentemperatur weiter absinkt, drohen Schwierigkeiten am Verdampfer, weil die Luft beim Abkühlen kondensiert und gefriert. Der Verdampfer vereist, der Wärmeaustausch wird unterbrochen. Ähnliche Probleme treten auf, wenn statt der Außenluft der Erdboden gekühlt wird.

Allerdings lassen sich diese Einfrierprobleme durch konstruktive Tricks bewältigen. Viel schlimmer aber ist, daß bei Außentemperaturen unter 0 °C die Leistungsziffer der Pumpe sich so stark verschlechtert, daß mehr Energie verpumpt wird, als an Wärme gewonnen wird. Dann wäre die Direktheizung (elektrische Widerstandsheizung) sinnvoller.

Aber gerade dann, wenn es kalt wird, decken die Elektrizitätswerke ihren Spitzenbedarf und haben kein Interesse daran, sich einen nur auf den Winter beschränkten Zusatzbedarf aufzuladen.

Daher muß die elektrische Wärmepumpe zusammen mit einer normalen Ölheizung betrieben werden, die bei Frost einspringt und die Pumpe ablöst. Sobald die Außentemperatur auf über +3 °C ansteigt, wird die Ölheizung abgeschaltet, und die Wärmepumpe läuft wieder an. Das nennt man bivalent-alternativen Betrieb.

Gesamtwirtschaftlich gesehen bietet die gute Leistungsziffer der elektrischen Wärmepumpe keinen Vorteil, denn der Motor verbraucht die Edelenergie Strom. Im Kraftwerkskessel müssen drei Wärmeeinheiten Kohle verfeuert werden, um eine Wärmeeinheit Strom zu erzeugen. Denn die Stromerzeugung arbeitet mit dem Wirkungsgrad 3 1, die Wärmepumpe mit 1:3. Gerechnet ab Kraftwerkskessel beträgt also der Wirkungsgrad der elektrisch betriebenen Wärmepumpe 1:1. Und dazu sind enorme Aufwendungen für Kraftwerke, Hochspannungsleitungen, Verteilernetze und letztlich auch die Wärmepumpe selber notwendig.
Können Sie in Ihrem Eigenheim mit der elektrischen Wärmepumpe Kosten sparen?
Beim bivalenten Einsatz liefert die Wärmepumpe bis zu dem Zeitpunkt, an dem ihre Leistungsziffer unter 1.1 sinkt, etwa 70% des gesamten Jahres-Heizungsbedarfs. Sie arbeitet während dieser Zeit mit einer durchschnittlichen Leistungsziffer von 2.6. Das bedeutet: Um den Gegenwert von 10 000 kcal Netto-Wärme zu erzeugen, verbraucht der Elektromotor der Pumpe 3 850 kcal (= 4,5 kWh) Strom. Für die Pumpe zu niedrige Temperaturen (unter +3 °C) herrschen jährlich an etwa 30 Tagen. Auf diese 30 Tage entfallen etwa 30% des gesamten Wärmebedarfs. Die nebenstehende Übersicht zeigt die Kosten sowie die Wirtschaftlichkeit der Pumpe für ein gut wärmegedämmtes Haus, das normale Heizkörper, einen Heizölverbrauch für Heizung und Warmwasserbereitung von 3 800 l/Jahr bei einem Kesselwirkungsgrad von 75% hat. Das Resultat: Es lohnt sich nicht!
Woran liegt es, daß die Wärmepumpe den Wirtschaftlichkeitsvergleich mit der Ölheizung nicht besteht? Die Brennstoffkosten der Pumpe (7 700 kWh elektrischer Strom sowie der Restbedarf von 1 140 l Heizöl) sind mit insgesamt DM 1.608,– niedriger als der Ölbedarf der normalen Ölheizung (3 800 l = DM 2 280,–).
Aber der Kapitaldienst der Pumpe ist zu hoch, die Pumpe zu teuer. Und da es sich um eine dem Verschleiß unterliegende, in der Praxis noch nicht lange erprobte und ausgereifte Maschine handelt, sollten Sie die Abschreibungsdauer von 10 Jahren nicht überschreiten. Ferner fallen auch die Festkosten einer konventionellen Ölheizung für den dreißigtägigen Winterbetrieb an.
Dieser Wirtschaftlichkeitsvergleich bezieht sich auf eine durch Elektromotor angetriebene Wärmepumpe in einem mit normalen Heizkörpern ausgestatteten Altbau. In einem mit Niedertemperaturheizung ausgerüsteten Neubau würde die Pumpe eine bessere Leistungsziffer (etwa 3.0 statt 2.6) erzielen und daher etwas niedrigere Brennstoffkosten haben.

Energie aus dem Grundwasser oder dem Erdreich

Wenn eine Wärmepumpe die Energie nicht aus der Außenluft, sondern aus dem Grundwasser oder aus dem Erdreich entnimmt erhöht sich ihre Leistungsziffer, sie benötigt also weniger Strom. Denn sie brauch die Wärme nicht so hoch anzuheben, weil das Grundwasser selbst im kalten Winter etwa + 10 °C warm ist. Auch das Erdreich ist im Winter wärmer als die Außenluft.

Übersicht

Kosten und Wirtschaftlichkeit der elektrischen Wärmepumpe

Bivalentes System: Wärmepumpe mit Ölheizung

Anlageninvestitionen

Luftgekühlte Wärmepumpe mit Steuerung	DM 10.000,–
Einbau und Installationsanschlüsse	DM 2.000,–
Anlagenkosten, insgesamt	DM 12.000,–
Zuschuß bzw. Steuervergünstigung 25%	DM 3.000,–
Es verbleiben	DM 9.000,–

Brennstoffverbrauch eines gut gedämmten Einfamilienhauses, Wohnfläche 125 m^2 für Heizung und Warmwasserverbrauch, 3.800 l Heizöl pro Jahr.

Nettobedarf bei 75% Jahreswirkungsgrad des Heizkessel:

3.800 x 8700 x 0,75 = 25 Millionen kcal/Jahr

Davon entfallen 70% auf die Wärmeleistung der Pumpe =

$$\frac{25 \times 0{,}70}{860} = 20.000 \text{ kWh}$$

Durchschnittliche Leistungsziffer der Pumpe: 2.6
Strombedarf des Antriebsmotors der Pumpe: 7.700 kWh
Tarif: DM 0,12 kWh (Vorzugstarif)

Mehrkosten durch Betrieb der Pumpe

Stromkosten, 7.700 x 0,12	DM 924,–
Kapitaldienst: 10 Jahre Abschreibung, Zinsen 8,5%	
Annuität 15,2% x DM 9.000,–	DM 1.368,–
Reparatur und Wartung der Pumpe	DM 300,–
Mehrkosten pro Jahr	DM 2.592,–
Die Pumpe spart 70% des Ölverbrauchs = 70% von 3.800 l = 2.660 l x DM 0,60	DM 1.596,–
Mehrkosten der Pumpe im Vergleich zu einer konventionellen, modernen Ölheizung	DM 996,–

Resultat: Die Wärmepumpe ist nicht wirtschaftlich. Ihre Kosten sind etwa doppelt so hoch wie ihr Nutzen.

Anmerkung: Eine konventionelle Ölheizung bleibt notwendig, weil die Pumpe im Winter nicht genügend Wärme liefern kann. Daher fallen die festen Kosten der Ölheizung (Annuität, Wartung, Schornsteinfeger) weiter an und können nicht als Einsparung berücksichtigt werden.

Aber es entstehen zusätzliche Kosten: für den Grundwasserbetrieb sind je ein Zapf- und Schluckbrunnen notwendig. Diese kosten – bei günstigen Grundwasserverhältnissen – DM 10.000,–. Und die Wasserbehörde will auch ein Wörtchen mitreden.
Für die Benutzung des Erdreichs als Energiequelle müssen Wärmetauscherrohrschlangen eingegraben werden. Das ist bei Altbauten recht teuer. Bei Neubauten kann es sich lohnen, wenn diese Rohre sogleich mit den anfallenden Erdarbeiten für Keller oder Garten eingegraben werden. Nur eine detaillierte Kostenrechnung kann Ihnen zeigen, ob sich eine Wärmepumpe mit Grundwasser- oder Erdreichbetrieb lohnt.

Ausblick in die Zukunft: Gasmotor-Wärmepumpe und Energiedach

Die Wirtschaftlichkeit der Wärmepumpe läßt sich durch Antrieb mit Diesel-, Erdgas- oder Benzinmotor wesentlich verbessern. Erstens sind, bezogen auf den Energiegehalt, die Brennstoffe Gas, Öl oder Benzin wesentlich billiger als elektrischer Strom, und zweitens kann die Abwärme der Motoren und der heißen Auspuffgase zum Heizen verwendet werden, geht also nicht verloren. Insgesamt ergibt sich daher beim Einsatz von Wärmepumpen mit Verbrennungsmotor-Antrieb trotz des schlechten Wirkungsgrades des Motors (etwa 30 %) ein Gesamtwirkungsgrad von 135 %. Das bedeutet: Mit einem Liter Öl zum Betrieb des Motors erzeugt die Anlage soviel Wärme wie beim Verbrennen von 2 l Öl in der Ölheizung. Dieselöl ist für Wärmepumpen steuerfrei, d. h. genau so teuer wie Heizöl. Gleiche Überlegungen gelten für mit Erdgasmotor betriebene Wärmepumpen.

Die Wirtschaftlichkeit der Motor-Wärmepumpe

Für Ihr Eigenheim benötigen Sie aber einen Antriebsmotor mit 10–15 PS (= 7,4–11 kW) Leistung. Leider haben diese kleinen Motoren eine Lebensdauer von nur etwa 1 000 Betriebsstunden. Pro Heizperiode benötigen Sie aber 1 700 Betriebsstunden, und 10 Jahre sollte der Motor schon durchhalten. (In 1700 Betriebsstunden fährt Ihr Auto eine Strecke von 100 000 km.) Bisher ist es nicht gelungen, Kleinmotoren für den Wärmepumpenbetrieb mit ausreichender Lebensdauer zu bauen. Diese müßte mindestens 17 000 Stunden = 10 Jahre betragen, bei einer Generalinspektion pro Jahr. Die Volkswagen AG hat es im Auftrag des Forschungsministeriums versucht, aber ohne Erfolg; Fichtel & Sachs AG beschäftigt sich auch mit dem Problem. Vielleicht zeigen uns die Japaner, wie es gemacht wird?
Vor 1985 wird die Ideallösung einer Wärmepumpe mit Verbrennungsmotor Ihnen eine Halbierung des Brennstoffverbrauches voraussichtlich nicht ermöglichen. Die Wirtschaftlichkeit dieser Ideallösung ist in der Übersicht dargestellt. Da der Ölpreis bis 1985 ver-

Übersicht

Wirtschaftlichkeit der Wärmepumpe mit Verbrennungsmotor

Monovalenter Betrieb, 10–15 PS (kW) Antriebsleistung
Ein Blick in die Zukunft

Anlageninvestition

Motorgetriebene Wärmepumpe mit Steuerung	DM 10.000,–
Einbau, Installationskosten	DM 2.000,–
zusammen	DM 12.000,–
Zuschuß bzw. Steuervergünstigung	DM 3.000,–
Es verbleiben	DM 9.000,–

Brennstoffverbrauch eines gut gedämmten Einfamilienhauses, Wohnfläche 125 m^2, für Heizung und Warmwasserversorgung 3.800 l Öl.

Annahme:

Die Wärmeleistung wird voll von der Wärmepumpe bzw. der Abwärme des Motors übernommen. Ein Zentralheizungskessel ist nicht mehr notwendig. Durchschnittliche Leistungsziffer der Pumpe: 1,35.

Dem Heizkesselverbrauch von 3.800 l Öl entspricht bei einem Jahreswirkungsgrad von 75% ein Netto-Bedarf entsprechend dem Energiegehalt von 3.800 x 0,75 = 2.850 l Heizöl.

Bei einer Leistungsziffer von 1,35 verbraucht der Antriebsmotor der Wärmepumpe also 2.100 l Dieselöl (= leichtes Heizöl) oder die Äquivalenzmenge Erdgas von 21.000 kWh.

Äquivalenzpreis für Erdgas pro kWh:	**DM 0,06**	**DM 0,10**
Brennstoffkosten pro l Heizöl:	**DM 0,60**	**DM 1,00**
Brennstoffkosten des Antriebsmotors pro Jahr	DM 1.260,–	DM 2.100,–
Feste Kosten		
Kapitaldienst: 10 Jahre Abschreibung, Zinsen 8,5%, Annuität 15,2% x DM 9.000,–	DM 1.368,–	DM 1.368,–
Inspektionen, Kundendienst für Pumpe	DM 500,–	DM 500,–
Betriebskosten pro Jahr	DM 3.128,–	DM 3.968,–
Zum Vergleich: Betriebskosten einer Ölheizung	DM 3.550,–	DM 5.100,–

Resultat: Eine monovalente, mit Diesel- oder Gasmotor von 10–15 PS (kw) Leistung angetriebene Wärmepumpe ist bei einem Ölpreis von DM 0,60/l bzw. einem Gaspreis von DM 0,06/l wirtschaftlicher als eine Ölheizung. Je mehr die Energiekosten steigen, um so wirtschaftlicher wird diese Wärmepumpe. Voraussetzung ist aber, daß es gelingt, kleine, motorgetriebene und wartungsarme Pumpen mit einer zehnjährigen Lebensdauer zu bauen.

---

mutlich auch ohne den Inflationseffekt noch steigen wird, wurden Brennstoffpreise von DM 0,60 und DM 1,–/l Heizöl bzw. Dieselöl eingesetzt. Bei einer Gasmotorpumpe ergeben sich bei gleichen Brennstoffpreisen die gleichen Ergebnisse.
Derzeit werden Wärmepumpen mit Verbrennungsmotor für größere Leistungen (ab etwa 50 PS = 37 kW) schon verwendet, um Bürohochhäuser, Mehrfamilienhäuser, Schwimmbäder und Sporthallen zu beheizen. Dabei haben diese Maschinen die in sie gesetzten Erwartungen durchaus erfullt. Für den Eigenheimbesitzer bleiben sie jedoch für einige Jahre noch Zukunftsmusik.

Absorber-Wärmepumpen

Absorber-Wärmepumpen sind für die für Eigenheime erforderlichen kleinen Leistungen weniger problematisch. Auch hier handelt es sich um ein schon im Kühlschrankbau bewährtes Prinzip. Auf Booten und in Wohnwagen sind mit Flaschengas betriebene Absorberkuhlschränke üblich, in den fünfziger Jahren standen sie auch im Haushalt. Der Absorber ersetzt im Wärmepumpen-Zyklus die Pumpe durch Absorption des Freon-Gases, die durch Erhitzen wieder rückgängig gemacht wird.
Absorber sind keine Maschinen, sondern Apparate. Außer einigen Ventilen haben sie keine beweglichen Teile. Das garantiert lange Lebensdauer und problemlosen Betrieb. Ein weiterer Vorteil. der im Absorber verwendete Brenner kann an kalten Tagen, wenn der Wirkungsgrad im Pumpenbetrieb unter 100% sinken würde, die notwendige Energie direkt, d.h. durch Umschaltung auf Heizungsbetrieb, bereitstellen. Das erhöht zwar den Brennstoffverbrauch an den wenigen Tagen, an denen dieses notwendig ist. Aber dafür kommt die Absorberpumpe allein, d.h. ohne „Beistand" einer Ölzentralheizung an kalten Tagen, aus. Die Kosten für Wartung und Amortisation des Ölheizungskessels und dessen Ölbrenner entfallen also. Das gibt der „monovalenten" Absorber-Wärmepumpe einen erheblichen Kostenvorteil, obwohl ihre Leistungsziffer vermutlich geringer ist als die der mit Verbrennungsmotor betriebenen Pumpe. Bis jetzt gibt es von der Absorberwärmepumpe nur einige, noch mit Kinderkrankheiten behaftete Prototypen. Fachleute schätzen, daß diese „Wunderwaffe gegen die Ölknappheit" etwa ab 1984/85 als technisch ausgereiftes und wirtschaftliches Gerät verfügbar sein wird. Schön wärs!
Es lohnt sich also, Neubauten „zukunftssichter" zu bauen. Bei der Wärmepumpe kommt es (wie auch bei der Solarheizung!) entscheidend darauf an, daß die Heizung mit möglichst geringer Vorlauftemperatur arbeitet. Dann bleibt das Temperaturgefälle zwischen Außenluft und Heizwassertemperatur gering, die Leistungsziffer bleibt günstig. Daher empfiehlt sich der Einbau einer Niedertemperaturheizung mit großen Konvektorheizkörpern oder Fußbodenheizung.

Das Energiedach

Ein interessantes Konzept ist die Kombination des Energiedaches mit der Wärmepumpe. Das Energiedach ist ein in die Dachhaut integrierter Sonnenkollektor einfachster Bauart. Dieser überträgt die auf das Dach auftreffende Sonnenstrahlung auf eine Wärmeträger-Flüssigkeit, welche die Wärme für den Verdampfer der Wärmepumpe liefert. Bei fehlender Sonne wird die Energie der Außenluft entzogen.

Das vom Energiedach erwärmte Wasser wird in einem gut gedämmten Tank mit 5–10 m^3 Fassungsvermögen gespeichert, so daß es zur Überbrückung von einigen kalten, bewölkten Tagen benutzt werden kann.

Das Ergebnis. Das Temperaturgefälle ist geringer als bei der Verwendung normaler Außenluft, die Pumpe arbeitet mit einer besseren Leistungsziffer und kann in der kalten Jahreszeit länger durchlaufen.

Derzeit befinden sich einige Demonstrationsobjekt mit Energiedächern im Bau. Das Dach kostet z.Z. etwa DM 100,–/m^2, für ein Einfamilienhaus werden ca. 100 m^2 benötigt. Ob sich daher der Wirkungsgrad der Wärmepumpe genügend steigern läßt, um diesen Aufwand rentabel zu machen, ist noch ungewiß. Der nachträgliche Einbau des Energiedaches auf bestehende Häuser dürfte jedoch nicht wirtschaftlich sein. Aber in 5–10 Jahren wird es überlegenswert, ob sich die Kombination Energiedach/Gas- bzw. Ölmotor-Wärmepumpe für Neubauten lohnt.

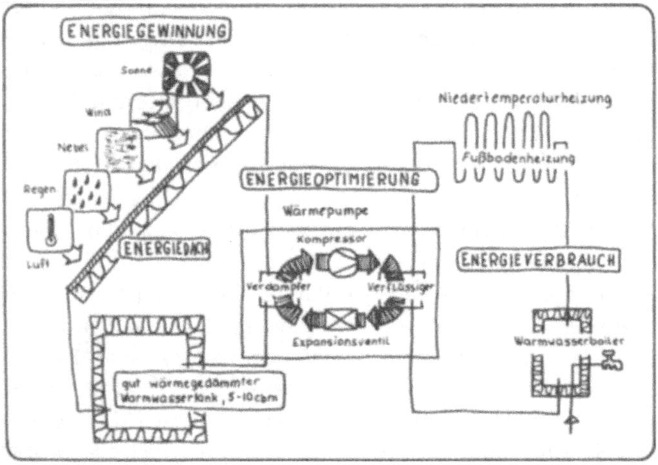

Das im Energiedach erzeugte Wasser ist meist wärmer als die Außenluft. Diesem Wasser entzieht die Wärmepumpe Energie. Für die Wärmepumpe ergibt sich dadurch ein geringeres Temperaturgefälle als bei Verwendung von Außenluft. Deshalb arbeitet sie mit einer günstigeren Leistungsziffer und spart Strom. Im Energiespeicher (einem gut gedämmten Wassertank von 4 000 bis 10 000 *l* Fassungsvermögen) läßt sich genügend Energie speichern, um auch einige kalte und bewölkte Tage überbrücken zu können.

13 Der Umgang mit Handwerkern

Handwerk hat goldenen Boden. Das merken Sie spätestens dann, wenn Sie versuchen, Handwerkeraufträge zu vergeben. Aber gemach: Schimpfen Sie nicht auf die Meister. Den Nachwuchsmangel haben nicht sie zu verantworten.

Aber jetzt zu Ihrem speziellen Problem: Sie möchten eine Wärmedämmung einbauen oder eine Heizungsanlage erneuern lassen. Sie wollen, daß diese Arbeit möglichst bald, möglichst gut und möglichst preiswert ausgeführt wird. Was tun? Halten Sie sich an die am Ende dieses Abschnitts aufgeführten 10 Goldenen Regeln.

Die folgenden Anregungen sollen Ihnen den steinigen Weg als „Amateur-Bauherr" erleichtern.

Die Baubeschreibung legt fest, welche Arbeiten erforderlich sind und welches Material verwendet werden soll. Es genügt eine unter Umständen laienhafte, aber eindeutige Beschreibung.

Wenn bei der Besichtigung durch den Handwerker Fragen auftauchen sollten, notieren Sie diese und berücksichtigen Sie sie in Ihrer Auftragsbestätigung. Die beiden Beispiele (Muster von Baubeschreibungen auf S. 134 u. 135) geben Ihnen Hinweise.

Bei der **Auswahl der richtigen Firmen** sollten Sie beachten, daß für Modernisierungs- und Renovierungsarbeiten kleinere Handwerkerfirmen meist günstiger anbieten. Der typische „Renovierungs-Handwerker" arbeitet mit bis zu 5 Mitarbeitern in einem Umkreis von 30 km von seinem Betrieb, in Großstädten oft nur in seinem Stadtteil. Eine Firma, die z.B. die Heizungsanlage in einem großen Büroneubau installiert, ist daher für Sie meist ein wesentlich schlechterer Partner als der kleine Heizungsinstallateur um die Ecke. Die Großfirma hat Planungsfachleute, Bauleiter, eine Dame am Empfang, einen Lagermeister usw. Die müssen alle bezahlt werden, und das belastet den Preis bei Kleinobjekten. Bedenken Sie: Für die Handwerksfirma sind Sie meist nur ein kleiner Fisch. Aber je kleiner die Firma, um so wichtiger ist Ihr Auftrag, um so eher finden Sie Beachtung.

Aufforderung zum Angebot

Es kostet Sie vermutlich viel Geld, nur bei einer Firma anzufragen und dieser den Auftrag zu vergeben. Nutzen Sie den Wettbewerb! Je nach Auftragslage, Art und Größe der betreffenden Arbeit, Saison, den gerade zur Verfügung stehenden Mitarbeitern und anderen Faktoren fällt die Kalkulation des Handwerkers und damit der Preis aus. Es ist durchaus üblich und entspricht dem Wettbewerbsbild im Handwerk, daß Sie für die selbe Arbeit Angebote zwischen DM 4 000,– und DM 10 000,– erhalten. Dabei **kann** der niedrigste Anbieter durchaus der beste sein, weil er die betreffenden Arbeiten laufend macht, seine Leute entsprechende Praxis besitzen und er deshalb ohne Kalkulationsrisiko anbietet. Beim teuersten Anbieter **braucht** durchaus keine schlech-

te Absicht im Spiel zu sein. Ein hoher Auftragsbestand oder ein Arbeitskräfteengpaß können der Anlaß für den hohen Preis sein.
Es ist Ihr Fehler, wenn Sie nur ein oder zwei Angebote einholen. Sie wollen ja Kosten sparen, indem Sie Energie sparen. Fangen Sie damit bei der Auftragsvergabe an. Gehen Sie davon aus, daß wegen der starken Modernisierungswelle und des ständigen Facharbeitermangels (Am Bau sind 30 000 Lehrstellen und 50 000 Arbeitsplätze unbesetzt!!) die Bauhandwerker überlastet sind. Wenn Sie 10 Handwerker anschreiben, kommen vielleicht 5, um sich die Arbeit anzusehen. Schon um das zu erreichen, müssen Sie mehrfach telefonisch nachfassen.
Und wiederum bedarf es Zeit und Energie, damit von diesen 5 Handwerkern auch alle ein Angebot abgeben. Lassen Sie nicht nach! Erst wenn Sie mindestens 3 vergleichbare Angebote haben, sollten Sie sich entscheiden und Ihren Auftrag vergeben.

Erst informieren, dann planen

Welche Baustoffe, Heizungen oder Regler wollen Sie verwenden, um die gewünschten Energieeinsparungen zu bewerkstelligen? Viele Hersteller geben kostenlose Broschüren heraus, die für den Heimwerker oder für die Vorbereitung Ihrer Baubeschreibung nützlich sind. Eine Postkarte an die im **Anhang genannten Hersteller** genügt meist, um diese zu erhalten. Auch die Heizungs- und Baustoffgroßhändler sind nützliche Informationsquellen und Berater. In den Ausstellungsräumen können Sie die gewünschten Geräte oder Baustoffe ansehen und sich über deren Funktionsweise und Kosten informieren. Diese Firmen nennen Ihnen ebenfalls für den Einbau geeignete Handwerker.
Versteifen Sie sich nicht unnötig auf bestimmte Fabrikate (Dämmstoffe, Heizkessel, Brenner oder Regler). Der Entwicklungsstand der führenden Fabrikate ist allgemein hoch, und industrieinterne oder gesetzliche Vorschriften (DIN-Normen u.ä.) schreiben meist hohe Mindest-Leistungen vor. Bei Geräten, die Wartung und Reparatur erfordern – wie Brenner und Heizungen –, lohnt es sich, einen nahe gelegenen Handwerker zu bevorzugen, auch wenn dieser ein anderes Fabrikat als das gewünschte vertritt oder sein Angebot geringfügig höher liegt als das niedrigste.
Einen Überblick über das zur Energieeinsparung verfügbare Angebot an Baustoffen, Heizungen usw. bieten die in vielen Gebieten jährlich veranstalteten Ausstellungen, deren Termine Sie aus der Tageszeitung oder von öffentlichen Anschlägen erfahren. Hier können Sie sich einen ersten Überblick verschaffen. Aber treffen Sie dort keine Entscheidung, unterschreiben Sie keinen Auftrag. Prüfen Sie nüchtern und vergleichen Sie. Viele der kühnen Versprechungen über x% Energieeinsparung treffen vielleicht unter besonders günstigen Laborbedingungen zu, nicht aber auf Ihr Haus! Papier ist geduldig, besonders das Papier, auf dem Prospekte gedruckt werden.

Bei der Auftragsvergabe sollten Sie folgende Punkte klar regeln:

- Art und Umfang der auszuführenden Arbeit, Art der zu verwendenden Materialien,
- Termine für Beginn und Fertigstellung,
- Art und Zeitpunkt Ihrer Zahlung (z.B. 50% Anzahlung bei Arbeitsbeginn; Zahlung innerhalb 30 Tagen nach Erhalt der Rechnung, Ratenzahlung usw.).

Legen Sie die wichtigsten Materialeigenschaften fest und gehen Sie dabei von den in Ihrer Baubeschreibung und dem Angebot des Handwerkers gemachten Angaben aus. Schreiben Sie nicht nur allgemein „Gips-Hartschaum-Verbundplatte", sondern „Gips-Hartschaumverbundplatte 12 + 60 mm, Brandschutzklasse B 1 (schwer entflammbar), oder z.B. „Heizkessel Viessmann Vitola S-21 mit 150 l Warmwasserboiler, motorgeregeltem 4-Wege-Ventil, Raumthermostat-Regelung, und Nachtabschaltung, Brenner der Marke Weisshaupt einschließlich aller Anschlüsse für Wasser, Strom und Öl".
Auf den verabredeten Fertigstellungstermin sollten Sie sich nicht zu sehr verlassen. Der Witterungseinfluß bei Neubauten, Grippe-Erkrankungen unter den Mitarbeitern – es gibt viele Gründe und Ausreden, warum der Meister mit seinen Mannen nicht zum versprochenen Termin anrücken. Bleiben Sie am Ball: Rufen Sie an, wenn es zu lange dauert. Wenn Sie den Eindruck haben, daß die Firma Sie nur vertröstet, an Ihrem Auftrag aber gar nicht mehr interessiert ist (weil die Firma, vielleicht wegen eines vorübergehenden Auftragloches, zu billig angeboten hat oder mit einem größeren Neubauauftrag in Terminschwierigkeiten steckt): Setzen Sie ihm eine neue, letzte Frist von 4 Wochen, um die Arbeit fertigzustellen. Wird auch diese nicht eingehalten, dann haben Sie die Wahl:

- Sie können Ihren Auftrag zurückziehen. Dann müssen Sie aber erst einen neuen Handwerker finden, der die Arbeit zu ähnlichem Preis schnell ausführt. Rufen Sie also erst die Firmen an, von denen Sie noch Angebote vorliegen haben, oder
- Sie bleiben am Ball, geben nicht auf, rufen Ihren Handwerker regelmäßig an und fragen, wann er kommt.

Seien Sie realistisch: Rechnen Sie von Anfang an damit, daß sich der Arbeitsbeginn verschiebt. Die meisten der für Sie in Frage kommenden Arbeiten – z.B. Einbau von Thermostatventilen, Dämmung einer Wand oder Decke, auch der Einbau einer neuen Zentralheizung – sind in ein bis drei Tagen erledigt, wenn zügig gearbeitet wird und alle benötigten Materialien vorhanden sind.
Wärmedämmarbeiten an der Innenseite können zu jeder Jahreszeit erledigt werden. Eine eintägige Abschaltung der Heizung, um z.B. eine neue Regelung einzubauen, ist auch im Winter möglich. Aber eine mehrtägige Abschaltung, um einen neuen Kessel einzubauen oder Heizkörper zur Dämmung der Heizkörpernischen abzumontieren, ist im Winter unbequem. Bei plötzlich eintretendem Frost können Ihnen dabei die Wasserleitungen einfrieren. Diese Arbeiten sollten Sie daher zwischen Anfang Dezember und Ende März vermeiden.

Die VOB (Verdingungsordnung für Bauleistungen)

Die VOB (Verdingungsordnung für Bauleistungen) ist kein Buch mit sieben Siegeln, sondern ein Hilfsmittel, das Bauverträge zwischen Bauherren (Auftraggeber) und Baufirmen (Auftragnehmer) regelt. Wenn Sie in den Bauvertrag die Paragraphen der VOB einbeziehen, haben Sie einige Vorteile. Die wichtigsten, so meint die Bausparkasse Wüstenrot, sind die folgenden:

- Stundenlohnarbeiten werden nur vergütet, wenn sie ausdrücklich vereinbart worden sind.
- Der Handwerker hat die Bauleistungen bis zur Abnahme gegen Diebstahl und Beschädigung zu schützen.
- Auch wenn die Bauleistung noch nicht abgenommen ist, können Sie Beseitigung von Mängeln verlangen.
- Die nur zweijährige Verjährungsfrist für Gewährleistungsansprüche wird nach der VOB durch bloße schriftliche Mängelrüge unterbrochen, während nach dem Bürgerlichen Gesetzbuch (BGB, 631 bis 651 gelten, wenn die VOB nicht Vertragsbestandteil ist) grundsätzlich Klageerhebung oder Anerkenntnis des Bauunternehmers erforderlich ist. Nach Abnahme der Mängelbeseitigungsleistung beginnt die zweijährige Verjährungsfrist erneut zu laufen.
- Der Auftragnehmer ist verpflichtet, seine Leistungen in besonders festgelegter Weise übersichtlich und prüfbar abzurechnen.
- Der Auftragnehmer hat Stundenlohnabrechnungen spätestens im Abstand von vier Wochen einzureichen.

Die im ganzen ausgewogene VOB enthält natürlich auch Vorteile für Auftragnehmer: das Recht, Abschlagszahlungen zu fordern und die nur zweijährige Verjährungsfrist für Gewährleistungsansprüche (§ 638 BGB: fünf Jahre).

Die Verjährungsfrist für Gewährleistungsansprüche beginnt mit der Abnahme. Die Abnahme kann nach VOB nur wegen wesentlicher Mängel verweigert werden. Bei der Abnahme sind die förmliche Abnahme, die fiktive Abnahme innerhalb von 12 Werktagen nach schriftlicher Mitteilung über die Fertigstellung der Leistung und die stillschweigende Abnahme nach Ablauf von 6 Werktagen nach Beginn der Bauwerkbenutzung zu unterscheiden.

Ist die Mängelbeseitigung nicht möglich, so können Sie Wertminderung verlangen. Den Begriff des „verborgenen Mangels" kennt die VOB so wenig wie das Gewährleistungsrecht des BGB. Der gesetzlich geregelte „arglistig verschwiegene Mangel" mit dreißigjähriger Verjährungsfrist ist nicht mit dem „verborgenen Mangel" gleichzusetzen. Beim „verborgenen Mangel" gilt, entgegen einer weit verbreiteten Irrlehre: Ein Mangel, der während der Gewährleistungsfrist nicht in Erscheinung getreten ist oder erkannt wurde, kann anschließend nicht mehr erfolgreich gerügt werden. Anderes kann nur gelten, wenn im Einzelvertrag ausnahmsweise eine ausdrückliche Verlängerung der normalen Gewährleistungsfrist für „verborgene Mängel" enthalten ist.

Die VOB ist weder Gesetz noch Gewohnheitsrecht; sie wird nicht automatisch, sondern nur aufgrund besonderer Vereinbarung Vertragsinhalt.

10 Goldene Regeln für den Umgang mit Handwerkern

1. Erst konkret feststellen, was Sie wollen. Dies schriftlich in einer kleinen Baubeschreibung festlegen: Welche Arbeiten sollen gemacht werden, wie groß ist der Umfang der Arbeit, welche Arbeiten sind nicht im Auftrag enthalten?

2. Einige Wochen die Lokalzeitung und Anzeigenblätter studieren, um festzustellen, welche Handwerker für diese Arbeiten in Frage kommen oder sich dafür durch Kleinanzeigen bewerben. Bekannte fragen, wen sie empfehlen können. Die „gelben Seiten" (Branchenverzeichnis) im Telefonbuch geben nützliche Hinweise.

3. Diese Handwerker telefonisch oder brieflich zur Abgabe eines Angebotes auffordern, Ihre Baubeschreibung übersenden und zu einem Besichtigungstermin auffordern.

4. Am Ball bleiben: Telefonisch nachfassen, wenn Sie von den angeschriebenen Firmen nichts hören. Diese stecken bis über die Ohren in der Arbeit, daher bleibt vieles im Büro liegen.

5. Die Angebote sorgfältig vergleichen: Entsprechen sie Ihrer Baubeschreibung? Sind Abweichungen in Ihrem Interesse? Handelt es sich um Angebote mit Fixpreisen, um Kostenvoranschläge oder gar nur um geschätzten Stundenaufwand mit Stundensätzen und Materialpreisen? Kostenvoranschläge und Schätzungen der notwendigen Arbeitsstunden lassen sich nicht mit konkreten Angeboten vergleichen. Sie bringen oft Ärger, wenn nach getaner Arbeit mehr Stunden als im Angebot enthalten verrechnet werden. Bestehen Sie deshalb auf einem konkreten Angebot mit festen Preisen für die gesamte Arbeit oder festen Preisen pro m^2.

6. Vor Vergabe des Auftrags Referenzen einholen: Rufen Sie die Firma an und fragen, wo sie ähnliche Arbeiten schon durchgeführt hat. Rufen Sie dann den betreffenden Bauherren an und fragen, ob er zufrieden war. Stellen Sie die Frage: Würden Sie Firma X nochmals mit ähnlichen Aufgaben in Ihrem Haus beauftragen?

7. Wenn der niedrigste Anbieter den Referenztest bestanden hat, erteilen Sie ihm den Auftrag. Wiederholen Sie dabei Ihre Baubeschreibung und die zugesagten Termine und Preise. Nennen Sie ausdrücklich die VOB (Verdingungsordnung für Bauleistungen) in Ihrem Auftrag.

8. Wenn die Firma anrückt, seien Sie freundlich, bewirten Sie die Leute und schimpfen Sie nicht, wenn der Fußboden etwas schmutzig wird, wenn Zimmer und Keller nicht ganz besenrein hinterlassen werden.

9. Zahlen Sie Ihre Rechnung pünktlich, nachdem Sie sich überzeugt haben, daß die Arbeit ordnungsgemäß ausgeführt wurde.

10. Gibt es über Preis oder Qualität Unstimmigkeiten, dann wenden Sie sich an die für Ihren Bezirk zuständige Verbraucherberatung. Diese kann helfen, Streitigkeiten mit Handwerkern beizulegen und teuren Rechtsstreit zu vermeiden.

Muster einer Baubeschreibung für Heizungsmodernisierung

Herrn
Fritz Warm
Heizungsinstallateur
Bergstr. 6

6200 Wiesbaden

9. Juli 1980

Sehr geehrter Herr Warm,

ich beabsichtige, in meinem Einfamilienhaus Weinfeldstr. 24 eine neue Ölheizung einzubauen und erbitte daher Ihr Angebot für die folgenden Arbeiten:

1. Alten Heizkessel Viessmann Duo-D mit Bleher-Brenner abbauen und abfahren.
2. Neuen Heizkessel Vitola U-ET 21 oder gleichwertig mit Beimischung DN 25 liefern, einbauen und anschließen, einschließlich Elektro-, Wasser-, Kaminanschlüsse.
3. Neuen Brenner, Marke ELCO oder gleichwertig, Leistungsbereich 20 000 WE, liefern und einbauen einschließlich Elektro- und Ölanschlüsse.
4. Vorhandene Regelung Motomatik A/RT mit Nachtabschaltung auf einwandfreie Funktion prüfen und wieder verwenden.

4 a. (Alternativ zu 4.) Neue Regelung Motomatik B-WS einchließlich Außentemperatursteuerung und Vorlaufsteuerung sowie Nachtabschaltung liefern und einbauen.

5. Schaltuhr in Elektroanschluß des Brenners einbauen, damit im Sommerbetrieb der Brenner zur Warmwasserbereitung nur stundenweise eingeschaltet werden kann.
6. Vier neue Thermostatventile, Marke Danfoss oder gleichwertig, mit separatem Temperaturfühler in Wohnzimmer, Büro, Eßzimmer und Küche einbauen.
7. Fünf Heizkörper in den drei Schlafzimmern sowie in Küche und Eßzimmer abmontieren, damit vom Tapezierer eine 6 cm starke Wärmedämmung angebracht werden kann.
   Konsolen und Wasseranschlüsse verlängern, weil die Heizkörper etwa 5–8 cm vorgerückt werden.

Die vorhandene Heizanlage können Sie nach telefonischer Terminabstimmung (Tel.: 471112) besichtigen. Ihr Angebot erbitte ich bis spätestens zum 17. August 1980. Die Arbeiten müssen spätestens bis zum 10. Oktober 1980 abgeschlossen sein.

Mit freundlichem Gruß

Muster einer Baubeschreibung für Wärmedämmung

Herrn
Joseph Pinsel
Malermeister
Talstraße 4

4000 Düsseldorf

25. Juni 1980

Sehr geehrter Herr Pinsel,

ich beabsichtige, in meinem Einfamilienhaus, Waldstr. 32, zusätzliche Wärmedämmung einzubauen und erbitte daher Ihr Angebot für folgende Arbeiten:

a) An die Decke im 1. Obergeschoß von unten auf bestehende Zimmerdecke Kanthölzer 6x6 cm und dazwischen 6 cm starke Hartschaumplatten oder aluminiumkaschierte Mineralfaserplatten anbringen, darüber Gipskartonplatte, diese mit Rauhfasertapete tapezieren und streichen. Es handelt sich um die Decke unter einem zweischaligen Kaltdach mit folgendem Aufbau:
Balkendecke bestehend aus Kiespreßdach, Holzschalung, 30 mm Glaswolle und Heraklithplatten mit Rauhfaser. Gesamtfläche: ca. 65 m^2 in 4 Schlafzimmern und Flur.

b) Im Wohnzimmer, Eßzimmer und Elternschlafzimmer an jeweils einer Außenwand von innen Rigips-Verbundplatten 12 mm mit 6 cm Hartschaum anbringen.
Wandlänge jeweils ca. 4,50; 3,60; 4,00 m
Zimmerhöhe ca. 2,50 m
Rigipsplatte mit Rauhfaser tapezieren und streichen. Für guten Übergang an Nebenwände, Steckdosen und ein Handwaschbecken sorgen.

Nur schwer entflammbare Baustoffe verwenden.
Das Haus können Sie nach telefonischer Terminabstimmung (Tel.: 534442) besichtigen. Ihr Angebot erbitte ich bis zum 5.7.1980. Die Arbeiten sollen vor Ende September ausgeführt werden.

Mit freundlichem Gruß

14 Zuschüsse und Steuervorteile

Wer mit Wärmedämmung oder neuen Heizungen und Warmwasseranlagen Energie spart, gibt dafür viel Geld aus. Er hofft, diese Ausgaben in wenigen Jahren durch niedrigere Brennstoffkosten wieder hereinzubekommen. Auch der Staat ist am Energiesparen interessiert und fördert es; da er ohnehin von jeder Mark, die Sie verdienen, kassiert, sollten Sie jede Chance nützen, davon einen – wenn auch nur kleinen – Teil durch Steuer-„Recycling" zurückzuholen.
Nach dem Energie-Einsparungsgesetz (EnEG) können Sie eine von zwei Möglichkeiten nutzen:

– entweder ein Zuschuß von 25% der förderungswürdigen Kosten, sofern diese mindestens DM 4 000,– betragen, beantragen. Der Zuschuß wird nur bis zu Gesamtkosten von DM 12 000,– berechnet. Der höchste Zuschuß beträgt also DM 3 000,–,
– oder die Sonderabschreibung von 10% der förderungswürdigen Investitionen über 10 Jahre (§ 82 a der Einkommenssteuer-Durchführungsverordnung) ausnutzen. Hierbei gibt es keine Kostengrenzen.

Diese Förderung gilt für alle Häuser, die vor dem 1.1.1978 fertiggestellt wurden.
Es bleibt Ihnen überlassen, ob Sie sich für den Zuschuß oder für die Sonderabschreibung entscheiden. Wichtig ist, daß der Katalog der steuerbegünstigten Maßnahmen nicht identisch ist mit dem bei der Zuschußförderung. Da ferner beide Verordnungen gelegentlich geändert werden, empfiehlt es sich, vor Durchführung der Arbeiten die zuständige Gemeindebehörde bzw. das Finanzamt um Auskunft zu fragen, damit es keine Enttäuschungen gibt. Die Übersichten zeigen die Situation im Herbst 1979.
Was für Sie günstiger ist, hängt von Ihrem steuerpflichtigen Jahreseinkommen ab (Steuerbescheid des Finanzamtes). Den Zuschuß müssen Sie bei der zuständigen Förderungsdienststelle Ihrer Gemeinde beantragen. Sie haben darauf keinen Rechtsanspruch. Sind die vom Land bereitgestellten Mittel vergeben, dann gehen Sie leer aus; „Windhundprinzip" nennt der Staat das.
Einige Bundesländer haben zusätzliche Hürden aufgebaut und vergeben die Zuschußmittel nur an Berechtigte mit einem begrenzten Einkommen. Meist entspricht dies der Berechtigungsgrenze des Sozialen Wohnungsbaus, also DM 24 000,– pro Jahr bei Ledigen, DM 48 000,– bei Verheirateten, mit zusätzlichen Freibeträgen von DM 1 200,– je Kind. Erkundigen Sie sich über die Einzelheiten und nach den Chancen, die Mittel tatsächlich zu erhalten, bei Ihrer Gemeindeverwaltung. Den Zuschuß bekommen Sie in einer Summe nach Bewilligung Ihres Antrags und Einreichung der Rechnung bei der Förderdienststelle. Das erfordert einen mehr oder weniger langen Papierkrieg und setzt voraus, daß das Windhundrennen wegen Geldmangels nicht vorzeitig eingestellt wird.
Auf die steuerliche Sonderabschreibung von 10% für 10 Jahre haben Sie einen Rechtsanspruch, sofern Sie die sachlichen Voraussetzungen erfülllen.
Die Sonderabschreibung nach § 82a ist also sicher und ist ferner nicht an eine Unter- oder Obergrenze gebunden. Wenn Sie die Wahl zwischen Zuschuß und Sonderabschreibung

Katalog der begünstigten Energiesparmaßnahmen

Energiesparende Maßnahmen	Zuschüsse	Steuervergünstigung
● Verbesserung der Wärmedämmung von Fenstern und Außentüren durch		
– Dichtung der Fugen,	●	●
– Isolier- oder Mehrfachverglasung,	●	●
– Vorsatzfenster bzw. Vorsatzflügel	●	●
– neue Fenster und Fenstertüren mit Isolier- oder Mehrfachverglasung,	●	●
– Rolladen oder Fensterläden	●	●
● Verbesserung der Wärmedämmung von Außenwänden durch		
– Wärmedämmaterial auf der Außenseite, mindestens 40 mm dick,	●	●
– Wärmedämmaterial auf der Innenseite, mindestens 30 mm dick,	●	●
– Wärmedämmaterial in den Heizkörpernischen, mindestens 10 mm dick,	●	●
– Wärmedämmaterial in der Luftschicht von zweischaligem Mauerwerk	●	●
● Verbesserung der Wärmedämmung von Dächern durch		
– Wärmedämmaterial im Gebälk des Dachgeschosses, mindestens 60 mm dick,	●	●
– Wärmedämmaterial auf dem Flachdach, mindestens 60 mm dick	●	●
● Verbesserung der Wärmedämmung von Decken durch		
– Wärmedämmaterial an der Unterseite der Kellerdecke, mindestens 30 mm dick,	●	●
– Wärmedämmaterial an der Unterseite der obersten Geschoßdecke, mindestens 30 mm dick,	●	●
– Wärmedämmaterial im Dachraum auf der obersten Geschoßdecke, mindestens 60 mm dick	●	●

Förderung möglich durch

Energiesparende Maßnahmen	Zuschüsse	Steuervergünstigung
● Verminderung des Energieverlustes und des Energieverbrauchs der zentralen Heizungs- und Warmwasseranlagen durch		*
– Anpassung der Wasservolumenströme oder der Heizkörperflächen an den Wärmebedarf der einzelnen Räume,	●	*
– Reduzierung der Brennerleistung,	●	*
– neue Wärmeerzeuger (ohne Durchlauferhitzer) mit einer um mindestens 20 v. H. geringeren Leistung,	●	*
– Verbesserung der Wärmedämmung des Wärmeerzeugers und des Verteilungsnetzes,	●	*
– Einrichtungen zur Begrenzung von Stillstandsverlusten,	●	*
– Ersetzung von Durchlauferhitzern durch Speicher und gleichzeitige Anpassung der Brennerleistung in kombinierten Heizungs-/Warmwasserkesseln	●	*
● Umstellung auf Fernwärmeversorgung durch Änderung der zentralen Heizungs- und Warmwasseranlagen innerhalb des Gebäudes, sofern die Fernwärme überwiegend durch Heizkraftwerke oder Abwärme erzeugt wird **)	●	●
● Einbau von Anlagen zur Rückgewinnung von Wärme **)	●	●
● Einbau von Wärmepumpen- und Solaranlagen einschließlich der Anbindung an ein konventionelles Heizsystem **)	●	●

**) Diese heizenergiesparenden Maßnahmen werden auch in Gebäuden bezuschußt, die nach dem 1. 1. 1978 fertiggestellt worden sind

Förderungsmöglichkeiten nach dem Modernisierungs- und Energieeinsparungsgesetz

Geplante Maßnahmen	im Rahmen der allgemeinen Modernisierung durch ○ einmalige Zuschüsse, günstige Darlehen usw. (siehe Seite 2) ● erhöhte Absetzungen nach § 82a EStDV*; in Gebäuden, die vor dem 1. 1. 1961 fertiggestellt wurden (siehe Seite 3)	nach dem Energiesparprogramm durch □ Zuschüsse; in Gebäuden, die vor dem 1. 1. 1978 fertiggestellt wurden (siehe Seite 4) ■ erhöhte Absetzungen nach § 82a EStDV; in Gebäuden, die vor dem 1. 1. 1978 fertiggestellt wurden (siehe Seite 4)	Besonders zu beachten
Erstmaliger Einbau einer Gas-Zentralheizung Erstmaliger Einbau einer Gas-Warmwasserversorgung Verlegung von Gasanschlußleitungen für Gasherde	○ oder ●	entfällt	○ Förderung der Heizung nur möglich, wenn die Anforderungen an den Wärmebedarf durch verbesserten Wärmeschutz von Fenstern und Fenstertüren erfüllt sind oder im Zusammenhang mit dem Einbau der zentralen Heizungsanlage erfüllt werden
Einbau eines neuen Wärmeerzeugers (z. B. Gasspezialheizkessel) in eine bestehende zentrale Heizungsanlage	○ oder ●	□	○ □ Förderung nur möglich, wenn der neue Wärmeerzeuger nicht mit einem Durchlauferhitzer (Heizschlange) für die Warmwasserbereitung ausgestattet ist und im Vergleich zum alten Wärmeerzeuger eine um mindestens 20 v. H. geringere Nennwärmeleistung hat
Anschluß des Gebäudes an die öffentliche Gasversorgung (Gashausanschluß)	○ oder ●	entfällt	○ ● Förderung dürfte mit Hinweis auf die Verbesserung der Energieversorgung möglich sein
Verringerung von Stillstandsverlusten bei bestehenden Heizungsanlagen (z. B. durch den Einbau von Abgasklappen Trennung der Warmwasserbereitung von der Heizung)	○	□	○ □ Der Einbau von Abgasklappen oder die Trennung der Warmwasserbereitung von der Heizung sollte in Verbindung mit anderen Maßnahmen erfolgen, um die für die Förderung vorgeschriebene Mindesthöhe für Darlehen bzw. Zuschüsse zu erreichen
Verbesserung des Wärmeschutzes (z. B. durch Wärmedämmung von Fenstern, Außentüren, Außenwänden, Dächern, Decken)	○ oder ●	□ oder ■	○ □ Förderung nur möglich, wenn die bestehende Heizungsanlage dem verminderten Energiebedarf angepaßt ist oder angepaßt wird
Anwendung neuer Technologien wie Wärmepumpen, Solar- oder Wärmerückgewinnungsanlagen (z. B. gasbefeuerte Brennwertgeräte)	○ oder ●	□ oder ■	□ ■ Hier gilt nicht der 1. 1. 1978 als Stichtag. Diese Technologien werden auch in Gebäuden gefördert, die nach dem 1. 1. 1978 fertiggestellt werden, Neubauten eingeschlossen

*) Im Rahmen der allgemeinen Modernisierungsmaßnahmen gehort die erhohte Absetzung nach § 82a EStDV zu den interessantesten Moglichkeiten der indirekten staatlichen Forderung In bestimmten Fällen sind auch andere Forderungsmoglichkeiten (z B § 7b EStG oder „normale" Abschreibung) anwendbar

haben, dann rechnen Sie aus, was für Sie günstiger ist: Wenn Sie eine Investition von DM 12 000,– über 10 Jahre abschreiben und Ihre Grenzbelastung bei der Einkommensteuer beträgt 40%, dann ermäßigt sich Ihre Steuerschuld (ohne Kirchensteuer) pro Jahr um DM 480,–, in 10 Jahren also um DM 4 800,–. Das ist zwar eine Milchmädchenrechnung, weil Zins und Zinseszins unberücksichtigt bleiben. Bei einem Zinssatz von 8% sind 10 Zahlungen von jährlich DM 480,– heute – also zu Beginn der Zahlungsperiode – nur DM 3 200,– wert. „Abzinsung" nennt der Bankfachmann diese Rechnung.

Liegt Ihre Grenzbelastung bei der Lohn- oder Einkommensteuer über 35%, dann ist die Sonderabschreibung günstiger als der Zuschuß. Die nebenstehende Übersicht der Grenzbelastung erleichtert Ihnen die Entscheidung. Die Kirchensteuer beträgt zusätzlich 10% der Lohn- bzw. Einkommensteuer.

Vergessen Sie bei der Entscheidung über Zuschuß oder Abschreibung nicht, daß beim Zuschuß eine Mindestgrenze von DM 4 000,– gilt. Wenn Ihr Projekt diese Summe nicht erreicht, gehen Sie leer aus. Zu dieser Mindestsumme zählt auch das Material, das Sie als Heimwerker für selbst durchgeführte Arbeiten kaufen (z.B. für Hartschaumplatten, Klebstoff, Farbe, Pinsel, Spachtel, Dübel, Pinselreiniger). Lassen Sie sich vom Baumarkt, Hobbygeschäft usw. dafür Quittungen ausstellen und heben Sie diese auf!

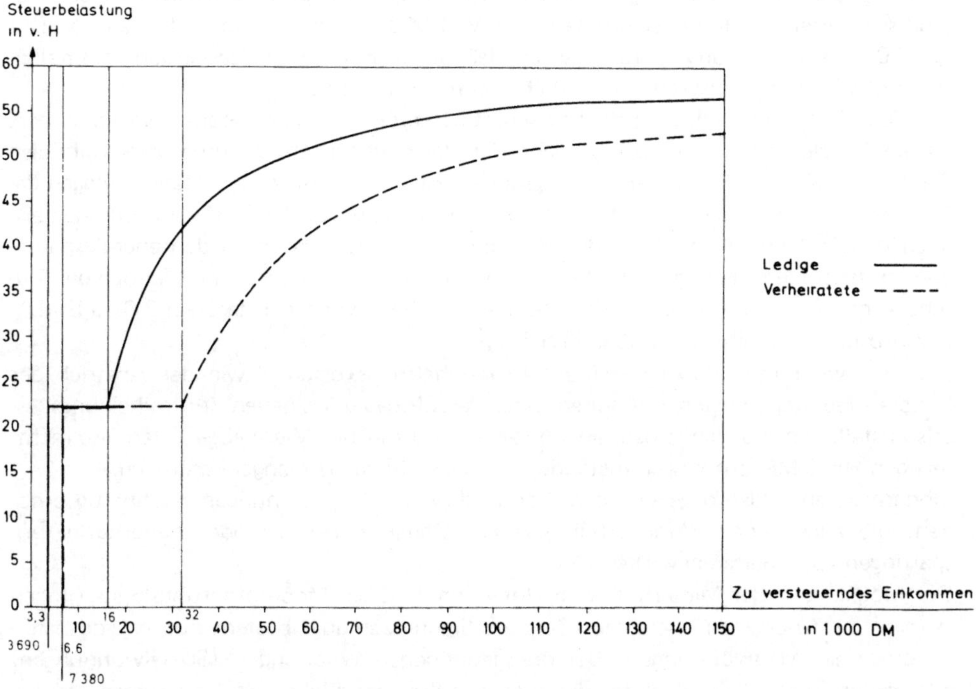

Grafische Darstellung der Grenzbelastung

Die Mindestsumme kann sich also aus Materialkosten zum Selbermachen und Handwerkerrechnungen addieren. Das gilt auch, wenn sich die Arbeit über ein Jahr hinzieht, wenn Sie z.B. die Wärmedämmung im Sommer anbringen, den Einbau eines neuen Brenners und neuer Thermostatventile jedoch erst im darauffolgenden Jahr vornehmen. Machen Sie dazu eine Aufstellung und erläutern Sie, weshalb die Gesamtarbeit nicht im selben Kalenderjahr abgeschlossen wurde.
Wenn Sie die Sonderabschreibung beanspruchen, müssen Sie diese in Ihrer Lohn- oder Einkommensteuererklärung nach Abschluß des Jahres einreichen, indem Sie die betreffende Energiesparmaßnahme durchführen.
Für eigengenutzte Eigentumswohnungen gelten dieselben Vorschriften wie für Einfamilienhäuser. Auch hier kann zwischen Zuschuß und Sonderabschreibung gewählt werden.

Energiesparmaßnahmen – auch für Vermieter sinnvoll?

Bei Mietwohnungen kann der Vermieter (nicht der Mieter!) entweder die Zuschüsse oder die Sonderabschreibung nach § 82 a EStDV in Anspruch nehmen. Bei den Zuschüssen gelten die Mindestsumme von DM 4 000,– und der Höchstbetrag von DM 12 000,– pro Wohnung, vorausgesetzt, daß die in einigen Bundesländern zusätzlich geltenden Einkommensgrenzen nicht überschritten werden.
Für den Vermieter stellt sich die Wirtschaftlichkeit einer Energiesparinvestition anders das als für den Eigenheimbesitzer; denn der Vermieter macht die Investition, gibt also Geld aus, während der Mieter durch geringere Heizkosten bzw. Heizkostenumlagen davon profitiert. Der Eigenheimbesitzer dagegen trägt selbst den Aufwand und genießt auch den Nutzen selbst. Aber der Vermieter kann den Mieter an den energiesparenden Investitionen beteiligen: Er kann die Miete um 11% erhöhen, muß jedoch den Zuschuß von 25%, falls er diesen erhält, vorher abziehen. Nimmt er dagegen § 82 a EStDV in Anspruch, so bleibt dies unberücksichtigt.
Der Vermieter muß dabei beachten: Instandhaltungskosten – wie der Anstrich der Hausfassade, der Fenster von außen, oder der Einbau eines neuen Zentralheizungskessels anstelle eines durchgerosteten Kessels – sind mit der Miete abgegolten und rechtfertigen keine Mieterhöhung. Instandsetzen heißt, bauliche Mängel beseitigen.
Modernisieren heißt dagegen, den Gebrauchswert von Wohnungen nachhaltig erhöhen, die allgemeinen Wohnverhältnisse auf Dauer verbessern oder dauerhafte Einsparungen von Energie bewirken.
Die Möglichkeit der Mieterhöung in Höhe von 11% der Modernisierungskosten (nach Abzug von Zuschüssen oder einer Zinsverbilligungszahlung) besteht nur für sogenannte preisfreie Mietwohnungen. Bei preisgebundenen Wohnungen (Sozialwohnungen) gilt weiterhin die Kostenmiete, die aufgrund der gesetzlichen Bestimmungen neu berechnet werden muß.

Wo liegen die Grenzen der Instandhaltung, wo beginnt eine Modernisierung? Bei Wärmedämmung an Innenwänden wird über die Zurechnung als Energiesparmaßnahmen und damit als Modernisierung kein Zweifel bestehen. Aber wenn alte Fenster mit Einfachverglasung gegen neue Fenster mit Isolierglas ausgewechselt werden? Wenn ein alter Zentralheizungskessel gegen einen neuen mit besserer Leistungsanpassung und höherem Wirkungsgrad ausgewechselt wird? Es empfiehlt sich, von seinem Handwerker einen schriftlichen Kostenvoranschlag für den Anstrich der alten Fenster bzw. die Reparatur des alten Kessels einzuholen und die betreffende Summe von den Kosten der neuen Fenster bzw. des neuen Kessels abzuziehen. Das vermeidet Streit mit den Mietern. Ähnlich sollte verfahren werden, wenn eine alte brüchige Fassade durch eine neue Fassade mit Wärmedämmung ersetzt wird. Auch hier sollte eine faire Trennung der für die Wärmedämmung zusätzlich entstehenden Kosten von den reinen Instandhaltungskosten durch entsprechende Kostenvoranschläge erfolgen.
Als Vermieter müssen Sie Ihre Mieter zwei Monate vor Beginn der Arbeiten schriftlich über Art, Umfang und Dauer informieren und ihnen die voraussichtliche Mieterhöhung mitteilen. Die Mieterhöhungen um monatlich 1/12 von 11% der anrechenbaren Modernisierungskosten werden zum nächsten Monatsersten wirksam, sofern der Brief des Vermieters mit der Berechnung dieser Erhöhung vor dem 15. des Vormonats eintrifft.
Für einen Hausbesitzer mit einer steuerlichen Grenzbelastung von 40% stellt sich die Wirtschaftlichkeit einer voll anrechenbaren Energiesparmaßnahme wie folg dar:

Berechnungsgrundlagen	§ 82 a	Zuschuß 25%
Gesamtkosten pro Wohnung	5.000,–	5.000,–
abzüglich Zuschuß zum Energiesparen	–	1.250,–
Steuerersparnis bei 40% Grenzbelastung plus 10% Kirchensteuer	(2.200,–)	–
Abzinsung der Ersparnis, auf Barwert	1.483,–	–
verbleiben als Netto-Investition	3.517,–	3.750,–
anrechnungsfähig für Mieterhöhung	5.000,–	3.750,–
Einnahmen durch 11% Mieterhöhung pro Jahr	550,–	412,–
Mieterhöhung pro Monat	46,–	34,–
Investitionsrendite (vor Steuern)	15%	11%

Für den Wohnungsvermieter sind Energiesparmaßnahmen wirtschaftlich sinnvoll, weil

- die Investitionskosten durch die Sonderabschreibung steuermindernd wirken;
- er durch Mieterhöhung für den von ihm zu tragenden Teil der Kosten eine angemessene Verzinsung erhält, die wesentlich höher ist als die Verzinsung des Gebäudewertes;
- der Marktwert der Wohnung dadurch steigt, daß künftige Mieter geringe Heizungskosten haben.

15 Baugenehmigungen

„Gehe nie zu Deinem Fürst, wenn Du nicht gerufen wirst", eine auch im Umgang mit der modernen Bürokratie beherzigungswerte Lebensregel. Bürokratie ist überall, und am stärksten hat sich dieses Unwesen im Bauwesen eingenistet. Trotz der zitierten Volksweisheit empfiehlt es sich, um Zweifelsfall bei der örtlichen Baubehörde zu erfragen, ob für Ihr Vorhaben Genehmigungs- bzw. Anzeigepflicht besteht und bei welchen Maßnahmen am Äußeren Ihres Hauses (neue Fassaden, Fenster, Türen) welche Gestaltungsvorschriften gelten.
Beim Einbau eines neuen Heizungskessels oder beim Umsteigen von Öl- auf Gasfeuerung benötigen sie ferner die Genehmigung Ihres Bezirksschornsteinfegermeisters.
Um Ärger zu vermeiden, sollten Sie die erforderlichen Genehmigungen rechtzeitig einholen bzw. die Anzeigen vornehmen.
Die Übersicht auf Seite 12 zeigt die Situation hinsichtlich der Genehmigungs- und Anzeigepflicht. In den einzelnen Bundesländern bestehen jedoch manchmal abweichende Vorschriften.

16 Die Finanzierung von Energiesparmaßnahmen

Die meisten Energiesparmaßnahmen kosten Geld, machen sich aber durch geringe Heizungskosten bezahlt. Allerdings fallen die Kosten sofort an, während der Nutzen sich erst in künftigen Jahren durch Brennstoffersparnis bemerkbar macht. Wenn Sie Ihr eigenes Vermögen schonen müssen, empfiehlt sich die Aufnahme eines **Bankkredits**. Denn es wäre teurer, wenn Sie wirtschaftlich sinnvolle Arbeiten solange verschieben, bis Sie diese aus eigener Tasche zahlen könnten. Bis dahin zahlen Sie unnötig hohe Heizungsrechnungen. Und weder die Ölpreise noch die Handwerkerpreise werden bis dahin sinken, im Gegenteil.

Die meisten Banken und Sparkassen geben heute Modernisierungsdarlehen für Energiesparmaßnahmen. Oft wird auf eine hypothekarische Absicherung verzichtet, um zusätzlichen Papierkrieg, Notarkosten, Grundbucheintragungsgebühren usw. zu vermeiden. Auch im Kreditgewerbe herrscht Wettbewerb. Nutzen Sie ihn. Gehen Sie nicht nur zu einer Bank, sondern zu zwei oder drei Instituten und lassen Sie sich dort Angebote unterbreiten. Bedenken Sie dabei:

- Beziehen Sie Zinsen und Rückzahlung (= Annuität) auf eine 100%ige Auszahlung des Darlehens. Oft wird durch einen „Trick" das Darlehen scheinbar billig gemacht: niedrige Zinsen, aber eine für Sie unvorteilhafte Auszahlung von vielleicht 90%. Aber die Zinsen und Rückzahlung erfolgen stets auf der Grundlage des vollen Darlehensbetrags von 100%.
- Verabreden Sie eine ausreichend lange Rückzahlzeit, die Sie nicht in finanzielle Bedrängnis bringt. Bedenken Sie: Es kann durchaus weitere OPEC-Preisschocks geben. Dann hat sich zwar Ihre Energie-Sparinvestition besser gelohnt, als Sie dachten. Aber Ihr Budget wird durch höhere Preise für die immer noch benötigten Brennstoffe strapaziert.
- Vereinbaren Sie, daß Sie, wenn von Ihnen gewünscht, Darlehen auch vorzeitig zurückzahlen können, ohne daß Ihnen hierfür „Strafspesen" oder ähnliche Gebühren angelastet werden.

Wenn Sie zum Kreis der Förderungsberechtigten nach dem Sparförderungsgesetz zählen und noch keinen Spar- oder Bausparvertrag haben, können Sie sich Ihre Energie-Sparmaßnahmen zweimal vom Staat bezuschussen lassen: zuerst durch den Energiesparzuschuß bzw. die steuerliche Sonderabschreibung, dann durch Abschluß eines prämienbegünstigten Bausparvertrags, zu dem der Staat nochmals bis zu DM 1 600,– jährlich Prämie zahlt oder eine Steuerermäßigung gibt. Bevor Sie sich für Prämie oder Steuervergünstigung entscheiden, sollten Sie prüfen, ob Sie noch frei verfügbare Sonderausgaben in Ihrer Einkommenssteuer geltend machen können.

Auf einem steuerbegünstigten Bausparvertrag müssen Sie 7 Jahre ansparen, bevor Sie ihn zugeteilt erhalten. Bei den meisten Bausparkassen wird dann der Vertrag zuteilungsreif. Mit der Zuteilungssumme können Sie dann Ihre Bankschuld ganz oder teilweise ablösen. Anschließend müssen Sie jedoch das Bauspardarlehen in dem verhältnismäßig kurzen Zeitraum von meist 7 Jahren zurückzahlen, so daß hohe Annuitätszahlungen fällig werden.
Auf diese Weise können Sie zusätzlich steuerliche Vorteile geltend machen. Allerdings summieren sich während des Ansparens Ihre Zahlungsverpflichtungen an die Bank für das Modernisierungsdarlehen mit den Bausparprämien für die Bausparkasse. Nach Rückzahlung des Bankdarlehens bzw. dessen Reduzierung mit Hilfe der zugeteilten Bausparsumme fallen dann die Annuitäten für das Bauspardarlehen an.
Wenn Sie nicht zum Kreis der Förderungsberechtigten bei der Sparförderung gehören, lohnt sich die Kombination von Bankdarlehen und Bausparvertrag nicht. Denn der Bausparvertrag gibt Ihnen zwar nach Zuteilung des Darlehens das Anrecht auf eine niedrige Verzinsung von 5% statt der banküblichen Zinsen von ca. 8,5%. Aber dieser Vorteil ist nur optisch: Denn während Sie auf Ihren Vertrag ansparen, erhalten Sie auch nicht die marktüblichen Guthabenzinsen von 7,5% (z.B. für Bundesschatzbriefe oder festverzinsliche Wertpapiere), sondern nur eine Gutschrift von 2%. Was Sie später als Vorteil ansehen, müssen Sie zunächst als Nachteil in Kauf nehmen. Das hebt sich auf. Auch die Bausparkassen können Geld nicht verschenken. Und dazu kommen noch Spesen, Versicherungs- und Abschlußgebühren. Es lohnt sich für Sie also nur, wenn die Sparprämie oder die Steuervergünstigung dazu kommt.

17 Zukunftsichere Neubauten, zugleich ein Ausblick

Dieses Buch ist vor allem für Hausbesitzer geschrieben worden, deren Haus schon steht. Wenn Sie neu bauen, gelten schon Bauverordnungen, die Sie zum energiesparenden Bauen zwingen. Ohne eine nachgewiesen gute Wärmedämmung von Wänden und Fenstern, ohne ein auf den Wärmebedarf zugeschnittenes Heizungssystem mit hohem Wirkungsgrad erhalten Sie gar keine Baugenehmigung.

Das Ergebnis dieser Vorschriften: Während ein vor 1973 geplantes Einfamilienhaus bei 125 m^2 Wohnfläche jährlich etwa 5 000 l Heizöl benötigte, kommt ein nach den neuen Energiesparvorschriften geplantes Haus gleicher Größe mit nur 4 000 l aus.

Und auch diese neuen Vorschriften wurden nach dem „ersten OPEC-Schock" entworfen, zu einer Zeit, als das Heizöl noch DM 0,30/l kostete. Inzwischen haben sich die Heizölkosten nochmals verdoppelt, bei weiterhin steigender Tendenz. Daher lohnt sich eine noch stärkere Wärmedämmung, als von der derzeit gültigen Vorschrift gefordert wird, weil sich die Wirtschaftlichkeitsgrenze zwischen Aufwand und Nutzen weiter verschoben hat. Durch Verwendung von Wandbaustoffen mit höherem Dämmwert oder durch dickere Hartschaumdämmung (10 cm statt 6 cm) erhöhen sich die Baukosten geringfügig, können aber die später jedes Jahr anfallenden Brennstoffkosten erheblich reduziert werden. Es lohnt sich also, die Wirtschaftlichkeitsgrenze mit dem Architekten zu ermitteln.

Um, über diese stärkere Wärmedämmung hinaus, Ihren Bau für neue Heizungssysteme zukunftssicher zu machen, sollten die in der Übersicht auf Seite 124 aufgeführten Hinweise befolgt werden. Und hüten Sie sich vor innenarchitektonischen „Gags": bis zum Dach reichende Wohnraumdecken, nur durch türlose Bogen voneinander getrennte Räume sehen zwar auf Fotos in Architekturzeitschriften sehr schick aus. Aber durch die „Thermik" der Heizung entsteht in überhohen Räumen ein ständiger Luftzug, türlose Räume lassen sich nicht wirtschaftlich heizen.

Wenn Sie heute bauen, können Sie damit rechnen, daß in den nächsten zehn bis fünfzehn Jahren neue, heute noch nicht genügend entwickelte Verfahren der Solarenergie und der Wärmepumpentechnik, marktreif werden. Das gilt besonders für die gasbetriebene Wärmepumpe.

Und Ihr Haus soll Ihnen 50 Jahre lang wirtschaftlichen Heizkomfort bieten. Bauen Sie deshalb Ihr Haus zukunftssicher.

Anlage 1

Herstellerverzeichnis (Auswahl)

Dämmstoffe (Hartschaum und Mineralfaser)

Deutsche Frigolit GmbH	Postfach 240	6520 Worms (nur Hartschaum)
Deutsche Heraklith AG	Postfach 1120	8346 Simbach (nur Hartschaum)
Deutsche Johns-Manville	Postfach 2180	6200 Wiesbaden (nur Hartschaum)
Rheinhold & Mahla AG	Postfach 2520	6800 Mannheim
Deutsche Rockwoll GmbH	Postfach 207	4390 Gladbeck (nur Mineralfaser)
Grünzweig & Hartmann u. Glasfaser AG	Postfach 210565	6700 Ludwigshafen
Lohmann GmbH	Postfach 120110	5450 Neuwied 12 (nur Mineralfaser)

Fenster aus Kunststoff und Aluminium

Gebr. Kömmerling Kunststoffwerke	Postfach 580	6780 Pirmasens
Rehau Plastiks GmbH	Ytterbium	8520 Erlangen
Rekord Fensterbau Kitzmann KG		2211 Ithehoe-Dägeling
Schüco Heinz Schürmann GmbH	Postfach 7620	4800 Bielefeld
WERU Fensterwerk		7062 Rudesberg

Schallschutzlüftung: J. Eberspächer, Postfach 289, 7300 Esslingen
Rauchmelder f.d. Haushalt: Siemens AG, Postfach 70 00 79, 8000 München 70
Heizkörperfolie: Nova Entwicklungs GmbH, Rheinallee 193, 6500 Mainz

Vorsatzfenster

DUPLO-Fensterbau		8633 Rödental-Einberg
Marckward Rolladen GmbH	Wolfgangstr. 26	6458 Rodenbach
Alu-Bauelemente Blache	Habichtstr. 36	2000 Hamburg 61
Dynaplastic Werke	Postfach 89	5070 Bergisch-Gladbach 2
A. Neugebauer KG	Postfach 5711	4400 Münster
Robering KG, Kunststoffe	Postfach 1467	4973 Vlotho-Uffeln

Heizkessel und Warmwasserboiler (für Öl und Gas)

August Brötje	Postfach 30	2902 Rastede 1
Buderus AG	Postfach 1220	6330 Wetzlar
CTC GmbH	Mühlendamm 61	2000 Hamburg
Hydrotherm Gerätebau	Postfach 1129	6110 Dieburg
Viessmann Werke KG	Postfach 10	3559 Allendorf

Solaranlagen (für Heizung und Brauchwasser)

August Bröthe	Postfach 30	2902 Rastede 1
Klaus Esser KG	Postfach 2909	4000 Düsseldorf 1 (nur Flachdachkollektoren)
Viessmann-Werke KG	Postfach 10	3559 Allendorf
VMH Multibeton GmbH	Postfach 101320	5090 Leverkusen
Zinco Walter Zink	Postfach 2068	7440 Nürtingen
Stiebel-Eltron	Dr. Stiebelstr.	3450 Holzminden

Wärmepumpen (für Heizung und Brauchwasser)

Happel KG	Postfach 2880	4690 Herne 2
Bosch-Junkers	Postfach 1390	7314 Wernau
Olsberger Hütte	Postfach 26	5787 Olsberg 1
VMH Multibeton GmbH	Postfach 101320	5090 Leverkusen
Stiebel-Eltron	Dr. Stiebelstraße 1	3450 Holzminden

Anmerkung: Die oben genannten Produkte sind in der Regel von den örtlichen Baustoffhandlungen sowie Fensterbau- bzw. Heizungsbaufirmen erhältlich. Die auszugsweise Nennung von Herstellern soll dem Leser die Beschaffung von Informationen über Anwendungen und Bezugsquellen erleichtern.

Anlage 2

Richtpreise für ausgewählte Dämmstoffe

Einschl. 13 % Mehrwertsteuer, in kleinen Mengen, Frühjahr 1980
Endverbraucherpreise ohne Handwerker-Rabatt

Hartschaumplatten, schwer entflammbar (B-1), 100 × 50 cm

Plattenstärke in cm	DM pro qm
2	2,50
4	5,00
5	6,00
6	7,50
8	10,00

Verbundplatten aus Gipskarton, 9,5 mm und Hartschaum, 250 × 125 cm

Gesamtstärke in cm	DM pro qm
30	9,00
40	11,00
50	13,00

Gipskartonplatten, 250 × 125 cm

Gesamtstärke in cm	DM pro qm
9,5	4,60
12,5	5,50

Mineralfaserrollen, unkaschiert

Stärke in cm	DM pro qm
5	6,00
6	7,50
8	10,00
10	12,50

Mineralfaserrollen, aluminiumkaschiert mit Randleisten

Stärke in cm	DM pro qm
6	9,00
8	10,00
10	12,00
12	15,00

Dichtungsband für Abdichten von Fugen an Fenstern und Türen

10 m Packungen, 9 mm breit, 3 mm dick, mit Profil: DM 1,00/m

Anlage 3

Brennstoffkosten, Heizwert und Wirkungsgrad

(bei Bezug in für Eigenheime notwendigen Mengen)
Einschl. Mehrwertsteuer, Abgaben und Steuern

Preisniveau Winter 1979/80

Leichtes Heizöl: DM 0,60/l. Heizwert: 10.200 kcal/kg = 8.700 kcal/l

Preistendenz: Preis wird sehr stark durch außenpolitische Vorgänge beeinflußt. Eine Preisprognose ist daher kaum möglich. Ab 1981/1982 muß mit Rationierung gerechnet werden.

Steinkohle: DM 0,45/kg. Heizwert: 7.000 kcal/kg
Braunkohlenbriketts: DM 0,30/kg. Heizwert: 4.800 kcal/kg.

Preistendenz: Preis folgt dem Preisführer Heizöl. Von den tatsächlichen Förderkosten werden z.Zt. nur etwa 50% über den Verkaufspreis erlöst, weitere 50% der Kosten werden durch eine große Zahl von öffentlichen Subventionen finanziert. Sobald ein steigender Heizölpreis der Steinkohle eine Preiserhöhung gestattet, wird dieser Spielraum ausgeschöpft. Daher: steigende Preistendenz.

Erdgas: DM 0,04/kWh für Heiztarif. 1 kWh = 860 kcal.
1 cbm Erdgas hat einen Heizwert von 7.600 kcal

Preisendenz: steigend. Der Bezugspreis der örtlichen Gasversorgungsunternehmen ist durch Indexklauseln an den Preis für Heizöl gebunden. Der derzeitige Preisvorteil des Erdgases im Vergleich zum Heizöl wird daher voraussichtlich bis 1982/83 stark schrumpfen.

Elektr. Strom:	Normaltarif I: DM 0,15/kWh	(ohne Grundpreis!)
	Haushalttarif II: DM 0,13/kWh	(ohne Grundpreis)
	Schwachlasttarif (21:00 bis 7:00 Uhr)	DM 0,10/kWh
	Sondertarif f. Nachtstromheizung:	DM 0,08/kWh
	Sondertarif f. Wärmepumpen	DM 0,12/kWh
	1 kWH = 860 kcal.	

Preistendenz: steigender Stromverbrauch durch Heizöl-Preissteigerungen. Politisch bedingte Rückstände im Kraftwerksbau (Kohle- und Kernkraft) führen voraussichtlich 1982/83 zu Versorgungsengpässen.

Daher schwindet das Interesse der EVU, durch Sondertarife (z.B. für Wärmepumpen, Nachtstromheizung, Haushalttarif II) den Stromverbrauch anzuregen. Vermutlich ist daher mit einer überproportionalen Anhebung dieser Sondertarife zu rechnen. Der Haushalttarif II wird voraussichtlich geändert, so daß dessen Arbeitspreis sich dem des Normaltarifs I annähert. (Kabinettsbeschluß der Bundesregierung Sept. 1979)

Jahreswirkungsgrade von Heizungsanlagen

Ölzentralheizung:	ältere Anlagen (vor 1973)	50–65%
	neuere Anlagen (1973–78)	70–75%
	moderne Anlagen (ab 1978)	75–80%
Brauchwasserbereitung mit Ölheizung:		35–45%
Gasheizung		74–78%
Brauchwasserbereitung mit Gasboiler		60–70%
Nachtstromheizung		95%
Kohle-Zentralheizung		55–65%
Einzelöfen (für Kohle, Briketts usw.)		50–60%

Anlage 4

Abbildungsnachweis

Heinrich Becker GmbH, Wiesbaden 72, 73, 80

Bundesministerium für Raumordnung, Bauwesen und Städtebau: Energiesparbuch für das Eigenheim, Bonn 1979 4, 21, 22, 24, 30, 31, 69, 71, 76, 105

J. Eberspächer, Esslingen 27

Grünzweig & Hartmann und Glasfaser AG, Ludwigshafen 33, 36, 38, 42, 44, 47, 49, 53

Industrieverband Hartschaum e.V., Heidelberg 45, 52, 60

Information Erdgas, Essen 137, 138

Hebgen, Heinrich: Neuer baulicher Wärmeschutz. Braunschweig 1978, Verlag Friedrich Vieweg & Sohn 16, 19

Krautol-Werke GmbH & Co., Pfungstadt 39

Nova Entwicklungsgesellschaft mbH, Mainz 18

Olsberger Hütte H. Everken KG, Olsberg 121, 128

Robering KG, Vlotho, Uffeln 25

Vaporex-Papierfabrik Palm KG, Neukochen, Württ. 61

Viessmann Werke KG, Allendorf-Eder 113

GPSR Compliance

The European Union's (EU) General Product Safety Regulation (GPSR) is a set of rules that requires consumer products to be safe and our obligations to ensure this.

If you have any concerns about our products, you can contact us on ProductSafety@springernature.com

In case Publisher is established outside the EU, the EU authorized representative is:

Springer Nature Customer Service Center GmbH
Europaplatz 3
69115 Heidelberg, Germany

Batch number: 10815964

Printed by Printforce, the Netherlands